사회조사
분석사

2급

KB122302

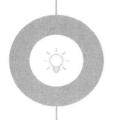

사회조사분석사란 사회의 다양한 정보를 수집 · 분석 · 활용하는 새로운 직종으로 각종 단체의 여론 조사 및 시장조사 등에 대한 계획을 수립하고 조사를 수행하며 그 결과를 가지고 분석하여 보고서를 작성하는 전문가를 말한다.

사회가 복잡해짐에 따라 중앙정부에서는 다양한 사회현상에 대해 파악하는 것이 요구되고 민간 기업에서는 수요자의 욕구를 파악하여 경제활동에 필요한 전략의 수립이 요구되어 진다. 그러므로 사회조사분석의 필요성과 전문성을 느끼는 것은 당연한 결과라 하겠다. 따라서 본서는 이런 시대적 흐름에 부합하여 사회조사분석사 자격증 시험을 준비하는 수험생들을 위해 발행하게 되었다.

본서는 2021년 대비 조사방법론 Ⅰ, Ⅱ, 사회통계 과목에 대한 최신기출문제를 수록하였다. 최신기출문제를 통해 출제경향파악이 가능하도록 상세한 나노급 해설을 수록하여 완벽한 시험대비를 돕도록 하였다.

모쪼록 많은 수험생들이 본서를 통하여 합격의 기쁨을 누리게 되기를 진심으로 바라며 수험생 여러분의 건투를 빈다.

▶▶ 사회조사분석사란

사회조사분석사란 다양한 사회정보의 수집·분석·활용을 담당하는 새로운 직종으로, 기업·정당·중앙정부·지방자치단체 등 각종 단체의 시장조사 및 여론조사 등에 대한 계획을 수립하고 조사를 수행하며 그 결과를 분석, 보고서를 작성하는 전문가이다.

지식 사회조사를 완벽하게 끝내기 위해서는 '사회조사방법론'은 물론이고 자료분석을 위한 '통계지식', 통계분석을 위한 '통계 패키지프로그램' 이용법 등을 알아야 한다. 또, 부가적으로 알아야 할 분야는 마케팅관리론이나 소비자행동론, 기획론 등의 주변 관련 분야로 이는 사회조사의 많은 부분이 기업과 소비자를 중심으로 발생하기 때문이다. 사회조사분석사는 보다 정밀한 조사업무를 수행하기 위해 관련분야를 보다 폭 넓게 경험하는 것이 중요하다.

▶▶ 수행직무

기업, 정당, 정부 등 각종단체에 시장조사 및 여론조사 등에 대한 계획을 수립하여 조사를 수행하고 그 결과를 통계처리 및 분석보고서를 작성하는 업무를 담당한다.

▶▶ 진로 및 전망

각종연구소, 연구기관, 국회, 정당, 통계청, 행정부, 지방자치단체, 용역회사, 기업체, 사회단체 등의 조사업무를 담당한 부서 특히, 향후 지방자치단체에서의 수요가 클 것으로 전망된다.

▶▶ 응시자격

사회조사분석사 2급은 응시자격의 제한이 없어 누구나 시험에 응시할 수 있다. 사회조사분석사 1급 시험에 응시하고자 하는 자는 당해 사회조사분석사 2급 자격증을 취득한 후 해당 실무에 2년 이상 종사한 자와 해당 실무에 3년 이상 종사한 자로 응시자격을 제한하고 있다. 따라서 일반인의 경우 우선 사회조사분석사 1급에 응시하기 앞서 해당 실무에 3년 이상 종사한 자가 아닌 경우는 사회조사분석사 2급 자격증을 취득한 후에 사회조사분석에 관련된 업무에 2년 이상 종사해야만 응시자격이 주어진다.

≫ 출제기준

필기 과목명	문항 수	주요항목	세부항목	세세항목
조사 방법론 I	30	과학적 연구의 개념	과학적 연구의 의미	과학적 연구의 의미 　과학적 연구의 논리체계
			과학적 연구의 목적 과 유형	과학적 연구의 목적과 접근방법 과학적 연구의 유형
			과학적 연구의 절차와 계획	과학적 연구의 절차 　과학적 연구의 분석단위
			연구문제 및 가설	연구문제의 의미와 유형 　이론 및 가설의 개념
			조사윤리와 개인정보보호	조사윤리의 의미 　　개인정보보호의 의미
			현장조사 이해 및 실무	현장조사의 이해 　　　현장조사의 실무
		조사설계 의 이해	설명적 조사설계	설명적 조사설계의 기본원리
			기술적 조사설계	기술적 조사설계의 개념 횡단면적 조사설계의 개념과 유형 내용분석의 의미
			질적 연구의 조사설계	질적 연구의 개념과 목적 　행위연구 설계의 의미 사례연구 설계의 의미
		자료수집 방법	자료의 종류와 수집 방법의 분류	자료의 종류 　　　자료수집방법의 분류
			질문지법의 이해	질문지법의 의의 　　질문지 작성 질문지 적용방법
			관찰법의 이해	관찰법의 이해 　　　관찰법의 유형 관찰법의 장·단점
			면접법의 이해	면접법의 의미 　　　면접법의 종류 집단면접 및 심층면접의 개념
조사 방법론 II	30	개념과 측정	개념, 구성개념, 개 념적 정의	개념 및 구성개념 　　개념적 정의
			변수와 조작적 정의	변수의 개념 및 종류 　개념적, 조작적 정의
			변수의 측정	측정의 개념 　　　　측정의 수준과 척도
			측정도구와 척도의 구성	측정도구 및 척도의 의미 　척도구성방법 척도분석의 방법
			지수의 의미	지수의 의미와 작성방법 　사회지표의 종류
		측정의 타당성과 신뢰성	측정오차의 의미	측정오차의 개념 　　　측정오차의 종류
			타당성의 의미	타당성의 개념 　　　타당성의 종류
			신뢰성의 의미	신뢰성의 개념 　　　신뢰성 추정방법 신뢰성 제고방안
		표본 설계	표본추출의 의미	표본추출의 기초개념 　표본추출의 이점
			표본추출의 설계	표본추출설계의 의의 　확률표본추출방법 비확률표본추출방법
			표본추출오차와 표본크기의 결정	표본추출오차와 비표본추출오차의 개념 표본추출오차의 크기 및 적정 표본크기의 결정

≫ 시험방법

사회조사분석사 자격시험에서 필기시험은 객관식 4지 택일형을 실시하여 합격자를 결정한다. 총 100문항으로 150분에 걸쳐 시행된다. 실기시험은 사회조사실무에 관련된 복합형 실기시험으로 작업형과 필답형이 4시간 정도에 걸쳐 진행된다.

≫ 출제경향 및 검정방법

① 출제경향 : 시장조사, 여론조사 등 사회조사 계획 수립, 조사를 수행하고 그 수행결과를 통계처리하여 분석결과를 작성할 수 있는 업무능력 평가
② 검정방법
　ⓐ 필기 : 객관식 4지 택일형
　ⓑ 실기 : 복합형 [작업형＋필답형]

≫ 시험과목

1급	시험과목
필기	1. 조사방법론 Ⅰ 2. 조사방법론 Ⅱ 3. 사회통계
실기	사회조사실무 (설문작성, 단순통계처리 및 분석)

≫ 합격자 기준

① 필기 : 매과목 40점 이상, 전과목 평균 60점 이상 득점한 자를 합격자로 한다.
② 실기 : 60점 이상 득점한 자를 합격자로 한다.
* 기타 시험에 관한 자세한 내용에 대하여는 한국산업인력공단 www.hrdkorea.or.kr로 문의하기 바랍니다.

01 설문조사에 관한 설명으로 옳지 않은 것은?

① 일반적으로 자기기입식 설문조사는 면접설문조사보다 비용이 적게 들고 시간이 덜 걸린다.

② 자기기입식 설문조사는 익명성이 보장되기 때문에 면접설문조사보다 민감한 쟁점을 다루는데 유리하다.

③ 자기기입식 설문조사는 면접설문조사보다 복잡한 쟁점을 다루는 데 더 효과적이다.

④ 면접설문조사에서는 면접원이 질문에 대한 대답 외에도 중요한 관찰을 할 수 있다.

02 사회조사의 유형에 관한 설명으로 옳은 것을 모두 고른 것은?

> ㉠ 탐색, 기술, 설명적 조사는 조사의 목적에 따른 구분이다.
> ㉡ 패널조사와 동년배집단(cohort)조사는 동일대상인에 대한 반복측정을 원칙으로 한다.
> ㉢ 2차 자료 분석연구는 비관여적 연구방법에 해당한다.
> ㉣ 탐색적 조사의 경우에는 명확한 연구가설과 구체적 조사계획이 사전에 수립되어야 한다.

① ㉠, ㉡, ㉢   ② ㉠, ㉢

③ ㉡, ㉣   ④ ㉣

사회조사분석사
2급 1차 필기

2020년 제1·2회 통합 시행
(2020. 6. 14.)

사회 통계	40	기초 통계량	중심경향측정치	평균, 중앙값, 최빈값	
			산포의 정도	범위, 평균편차, 분산, 표준편차	
			비대칭도	피어슨의 비대칭도 분포의 모양과 평균, 분산, 비대칭도	
		확률이론 및 확률분포	확률이론의 의미	사건과 확률법칙	
			확률분포의 의미	확률변수와 확률분포 확률분포의 기댓값과 분산 이산확률변수와 연속확률변수	
			이산확률분포의 의미	이항분포의 개념	
			연속확률분포의 의미	정규분포의 의미	표준정규분포
			표본분포의 의미	평균의 표본분포	비율의 표본분포
		추정	점추정	모평균의 추정 모분산의 추정	모비율의 추정
			구간추정	모평균의 구간추정 모비율의 구간추정 모분산의 구간추정 표본크기의 결정 두 모집단의 평균차의 추정 대응모집단의 평균차의 추정	
		가설검정	가설검정의 기초	가설검정의 개념	가설검정의 오류
			단일모집단의 가설검정	모평균의 가설검정 모분산의 가설검증	모비율의 가설검정
			두 모집단의 가설검정	두 모집단평균의 가설검정 대응모집단의 평균차의 가설검정 두 모집단비율의 가설검정	
		분산분석	분산분석의 개념	분산분석의 기본가정	
			일원분산분석	일원분산분석의 의의 일원분산분석의 전개과정	
			교차분석	교차분석의 의의	
		회귀분석	회귀분석의 개념	회귀모형	회귀식
			단순회귀분석	단순회귀식의 적합도 추정 적합도 측정방법 단순회귀분석의 검정	
			중회귀분석	표본의 중회귀식 중회귀식의 적합도 검정 중회귀분석의 검정 변수의 선택방법	
			상관분석	상관계수의 의미	상관계수의 검정

01 ③

면접관이 직접 주도적으로 이끌어가는 면접설문조사가 자기기입식 설문조사보다 복잡한 쟁점을 다루는데 효과적이다.

자기기입식 설문조사
– 면접설문조사에 비해 비용이 적게 들고, 시간이 적게 소요됨
– 익명성이 보장되고 민감한 질문에 효과적임
– 응답 회수율이 낮다.

※ **면접설문조사**
– 다양한 조사 내용을 비교적 상세하게 조사할 수`있다.
– 자기기입식 설문조사보다 응답 회수율이 높다.
– 면접원이 응답자의 대답 이외에 응답자의 감정, 상태 등 환경까지 관찰할 수 있다.
– 면접원에 따라 응답 편향이 생길 가능성이 높다.
– 익명성이 보장되지 않아 민감한 질문에 답변을 회피할 수 있음

02 ②

㉠ 탐색적 조사, 기술적 조사, 설명적 조사는 조사목적에 따라 구분된다. 탐색적 조사는 예비조사라고도 하며 본 조사를 위해 필요한 지식이 부족할 때 실시하는 조사이며, 기술적 조사는 기술적 질의에 응답 하는 자료를 얻기 위해 실시하는 조사 형태로서 통계 수치 등을 파악하는 조사이다. 또한 설명적 조사 는 기술적 조사를 토대로 인과관계를 규명하고자 하기 위한 조사이다.

㉡ 패널조사는 동일한 대상자들을 대상으로 장기간에 걸친 동적 변화를 확인하기 위한 추적관찰 조사인 반면에 코호트 조사는 동기생, 동시경험집단을 연구하는 것으로 일정한 기간 동안에 어떤 한정된 부분 모집단을 연구하는 것으로 두 가지 모두 반복 측정이기는 하나 패널조사는 동일인이지만 코호트는 동 일집단이며, 동일인이 아니어도 괜찮다.

㉢ 2차 자료 분석은 다른 조사나 기관에서 다른 연구 주제를 목적으로 실험 등을 통해 조사된 자료를 분석하는 것으로 조사자가 직접 조사 및 실험을 통해 수집한 1차 자료 분석에 비해 조사자가 자료에 비관여하는 연구방법이다.

㉣ 탐색적 조사는 본 조사를 위해 필요한 지식이 부족할 때 실시하는 조사이며, 아직 명확한 연구계획이 나 방법이 설계되기 전에 수행하는 조사이다.

03 아래와 같이 가정할 때 X, Y, Z에 대한 바른 설명은?

> ㉠ X가 변화하면 Y가 유의미하게 변화한다.
> ㉡ 그러나 제3의 변수인 Z를 고려하면 X와 Y 사이의 유의미한 관계가 사라진다.

① X는 종속변수이다.

② Z는 매개변수이다.

③ Z는 왜곡변수이다.

④ $X - Y$의 관계는 허위적(Spurious) 관계이다.

04 다음에 열거한 속성을 모두 충족하는 자료수집방법은?

> • 비용이 저렴하다.
> • 조사기간이 짧다.
> • 그림 · 음성 · 동영상 등을 이용할 수 있어 응답자의 이해도를 높일 수 있다.
> • 모집단이 편향되어 있다.

① 면접조사   ② 우편조사

③ 전화조사   ④ 온라인조사

03 ④

④ 통제된 상태에서 X와 Y의 관계만을 연구한다는 것은 무의미하다.
① X는 독립변수이다.
②③ Z는 억제변수이다.

변수의 종류
- 억제변수 : 독립, 종속변수 사이에 실제로는 인과관계가 있으나 없도록 나타나게 하는 제3변수
- 왜곡변수 : 독립, 종속변수 간의 관계를 정반대로의 관계로 나타나게 하는 제3변수
- 구성변수 : 포괄적 개념을 구성하는 하위변수
- 외재적 변수(=외생변수) : 독립변수 외에 종속변수에 영향을 주는 변수
- 매개변수 : 독립변수와 종속변수 사이에서 독립변수의 결과인 동시에 종속변수의 원인이 되는 변수
- 조절변수 : 독립변수가 종속변수에 미치는 영향을 강화해 주거나 약화해 주는 변수를 의미한다.
- 통계변수 : 외재적 변수의 일종으로 그 영향을 검토하지 않고 영향을 모두 통제하고 나머지 변수들을 보고자 하는 변수

04 ④

온라인조사는 인터넷을 활용하여 조사하는 방식으로 조사와 분석이 매우 신속하며, 비용이 저렴하며, 시공간 제약이 거의 없어 단시간에 많은 대상자를 조사할 수 있고 보조자료(그림, 음성, 동영상 등)를 통해 응답자의 이해도를 높일 수 있으나, 표본의 대표성을 확보하기가 어려워 모집단이 편향될 수 있다.

자료수집방법
- 면접조사 : 조사자가 응답자를 직접 대면하여 조사하는 방식으로 추가 질문을 통해 높은 응답률과 다수의 의견을 얻을 수 있지만, 비용 및 시간이 많이 소요되며 조사원에 따른 편향이 생길 수 있으며 익명성이 보장되지 않기 때문에 민감한 주제에 대한 정확한 응답을 얻기 어렵다.
- 우편조사 : 질문지를 우편으로 보낸 후 반송용 봉투를 이용하여 응답을 받는 방식으로 비용이 저렴하며, 민감한 질문에도 응답 가능성이 높으나 회수율이 낮고 설문지가 애매할 경우 정확한 응답을 얻기 어렵다.
- 전화조사 : 전화를 통해 조사하는 방식으로 시간과 비용을 절약하여 넓은 지역을 조사할 수 있으며, 신속하게 진행할 수 있으나 전화기가 설치되어 있는 집단으로 표집에 영향을 받으며 응답자를 통제하기가 어렵다.
- 온라인조사 : 인터넷을 활용하여 조사하는 방식으로 조사와 분석이 매우 신속하며, 비용이 저렴하며, 시공간 제약이 거의 없어 단시간에 많은 대상자를 조사할 수 있고 보조자료(그림, 음성, 동영상 등)를 통해 응답자의 이해도를 높일 수 있으나, 표본의 대표성을 확보하기가 어려워 모집단이 편향될 수 있다.

05 사후실험설계(ex-post facto research design)의 특징에 관한 설명으로 틀린 것은?

① 가설의 실제적 가치 및 현실성을 높일 수 있다.

② 분석 및 해석에 있어 편파적이거나 근시안적 관점에서 벗어날 수 있다.

③ 순수실험설계에 비하여 변수 간의 인과관계를 명확히 밝힐 수 있다.

④ 조사의 과정 및 결과가 객관적이며 조사를 위해 투입되는 시간 및 비용을 줄일 수 있다.

06 다음에서 설명하고 있는 조사방법은?

> 대학 졸업생을 대상으로 체계적 표집을 통해 응답집단을 구성한 후 매년 이들을 대상으로 졸업 후의 진로와 경제활동 및 노동시장 이동 상황을 조사하였다.

① 집단면접조사　　　　　　　② 파일럿조사

③ 델파이조사　　　　　　　　④ 패널조사

05 ③

순수실험설계는 무작위성, 조작, 통제가 가능하기 때문에 인과관계를 명확히 밝힐 수 있는 반면에 사후실험설계는 독립변수를 통제하기 어렵고 외생변수의 개입이 크기 때문에 인과관계를 규명하기 어렵다.

 나노해설

실험연구 설계 종류

- 사전실험설계 : 탐색적 조사의 성격을 가지고 있으며, 조사자의 실험변수의 노출시기 및 대상에 대한 통제가 불가능하다.
- 순수실험설계 : 실험설계의 세 가지 조건(무작위화, 조작, 통제)을 비교적 충실하게 갖추고 있는 설계로 엄격한 외생변수의 통제 하에서 독립변수를 조작하여 인과관계를 밝힐 수 있는 설계이다.
- 유사실험설계 : 현장실험설계라고도 하며, 실험실 상황이 아닌 실제 현장에서 독립변수를 조작하여 연구하는 설계이다. 실제 상황에서 이루어진 것이기 때문에 외적타당성이 높으며, 일반화가 가능하나, 독립변수를 조작화하기가 어려우며, 통제가 어렵다.
- 사후실험설계 : 독립변수를 통제하기 어렵거나 이미 노출된 이후 상태에서 관계를 검증하는 설계이며, 외생변수의 개입이 크기 때문에 인과관계를 규명하기는 어려우며 단순히 상관관계 분석만 가능하기 때문에 여러 개의 가설을 두고 검증하여야 한다.

06 ④

패널조사는 동일한 대상자들을 대상으로 장기간에 걸친(=매년 대학 졸업생을 대상) 동적 변화를 확인(=진로와 경제활동 및 노동 시장 이동 상황)하기 위한 추적관찰 조사를 의미한다.

 나노해설

조사방법의 종류

- 집단면접조사 : 조사 대상으로 선정된 집단은 자유로운 대화나 토론을 통해 문제점을 찾아내고 그 해결책을 찾아가는 방법이다. 이러한 형식으로 표적집단면접법(FGI-Focus Group Interview)이 있으며, 이는 좀 더 소수의 응답자와 집중적으로 대화를 통해 정보를 찾아내는 소비자 면접 조사 형태를 의미한다.
- 파일럿조사 : 대규모의 본 조사에 앞서서 행하는 예비적인 소규모 탐색 조사
- 델파이조사 : 전문가 협의법이라고 함. 전문가로 구성된 패널이 모여서 몇 차례 모여 수행하는 설문조사
- 패널조사 : 동일한 대상자들을 대상으로 장기간에 걸친 동적 변화를 확인하기 위한 추적관찰 조사

07 변수 간의 인과성 검증에 대한 설명으로 옳은 것은?

① 인과성은 두 변수의 공변성 여부에 따라 확정된다.

② '가난한 사람들은 무계획한 소비를 한다.'라는 설명은 시간적 우선성 원칙에 부합한다.

③ 독립변수와 종속변수 사이의 인과관계는 제3의 변수가 통제되지 않으면 허위적일 수 있다.

④ 실험설계는 인과성 규명을 목적으로 하지 않는다.

08 다음 설명에 해당하는 기계를 통한 관찰도구는?

> 어떠한 자극을 보여주고 피관찰자의 눈동자 크기를 측정하는 것으로, 동공의 크기 변화를 통해 응답자의 반응을 측정한다.

① 오디미터(audimeter)

② 사이코갈바노미터(psychogalvanometer)

③ 퓨필로미터(pupilometer)

④ 모션 픽처 카메라(motion picture camera)

07 ③
① 인과성은 공변성 여부, 시간적 우선성, 외생변수 통제를 통해 성립한다.
② 가난해서 무계획적 소비를 하는 것인지, 무계획적 소비를 해서 가난해지는지에 대한 시간적 우선순위가 모호하다.
③ 외생변수의 효과가 제거되거나 통제되지 않은 상태의 독립변수와 종속변수의 인과성은 외생변수에 의해 허위적으로 나타날 수 있다.
④ 실험설계는 독립변수와 종속변수를 제외한 나머지 요인들을 통제한 후 이루어진 설계로 인과성 규명을 목적으로 한다.

인과관계 성립조건
- 공변성 : 원인이 되는 현상이 변하면 결과도 변화하여야 하며 이 중 하나라도 변하지 않고 고정되어 있다면 인과성이 있다고 볼 수 없다.
- 시간적 우선순위 : 원인변수(독립변수)가 먼저 변한 후에 결과변수(종속변수)가 변화하여야 원인변수(독립변수)가 결과변수(종속변수)에 영향을 미친다고 볼 수 있다.
- 외생변수의 통제 : 원인변수(독립변수) 이외에 결과변수(종속변수)에 영향을 미칠 수 있는 제3의 변수들의 영향은 모두 제거되거나 통제된 다음에 원인변수(독립변수)와 결과변수(종속변수)의 인과성 검증이 이루어져야 한다.

08 ③
눈동자의 크기를 측정하는 장치인 퓨필로미터를 통해 어떠한 자극을 보여주고 피관찰자의 눈동자 크기를 측정할 수 있으며, 이를 통해 동공의 크기 변화를 알 수 있으며 응답자의 반응을 측정할 수 있다.

관찰 장치 종류
- 오디미터 : TV 채널의 시청 여부를 기록하는 장치
- 사이코갈바노미터 : 거짓말탐지기
- 퓨필로미터 : 눈동자 크기를 측정하는 장치
- 모션 픽처 카메라 : 움직이는 동작을 촬영하는 장치

09 다음 ( ) 안에 알맞은 것은?

> ( )는 집단구성원 간의 활발한 토의와 상호작용을 강조하며 그 과정에서 어떤 논의가 드러나고 진전되는지 파악하는 것이 중요한 자료가 된다. 조사자가 제공한 주제에 근거하여 참가자 간 의사표현 활동이 수반되고 연구자는 대부분의 과정에서 질문자라기보다는 조정자 또는 관찰자에 가깝다.
> ( )는 일반적으로 자료수집시간을 단축시키고 현장에서 수행하기 용이하나, 참여자 수가 제한적인 것으로 인한 일반화의 제한성 또는 집단소집의 어려움 등이 단점으로 지적되기도 한다.

① 델파이조사 ② 초점집단조사
③ 사례연구조사 ④ 집단실험설계

10 논리적 연관성 도출방법 중 연역적 방법과 귀납적 방법에 관한 설명으로 틀린 것은?

① 귀납적 방법은 구체적인 사실로부터 일반원리를 도출해 낸다.

② 연역적 방법은 일정한 이론적 전제를 수립해 놓고 그에 따라 구체적인 사실을 수집하여 검증함으로써 다시 이론적 결론을 유도한다.

③ 연역적 방법은 이론적 전제인 공리로부터 논리적 분석을 통하여 가설을 정립하여 이를 경험의 세계에 투사하여 검증하는 방법이다.

④ 귀납적 방법이나 연역적 방법을 조화시키면 상호 배타적이기 쉽다.

09 ②

초점집단조사는 면접자가 주도하여 소수의 응답자 집단과 면담을 이어나가며, 응답자 집단이 관심을 갖는 과제에 대해 서로 이야기를 나누는 것을 관찰하면서 정보를 얻는 조사이다. 이는 자료수집기간이 단축될 수 있으며 면접자가 직접 현장에 있기 때문에 보다 용이하게 정보를 얻을 수 있으나 응답자를 한 곳에 모으는 것이 용이하지 않으며 집단 상황으로 발생하는 효과 때문에 응답이 왜곡될 수 있다.

나노해설

- 델파이조사 : 전문가 협의법이라고 함. 전문가로 구성된 패널이 몇 차례 모여 수행하는 조사
- 초점집단조사 : 면접자가 주도하여 소수의 응답자 집단과 면담을 이어나가며, 응답자 집단이 관심을 갖는 과제에 대해 서로 이야기를 나누는 것을 관찰하면서 정보를 얻는 조사이다.
- 사례연구조사 : 현상을 조사하고 연구하는 것으로 사회적 단위로서의 개인이나 집단 및 지역사회에 관한 현상을 보다 종합적, 집중적으로 연구하기 위한 조사이나, 반복적 연구가 어렵고 다른 사례와 비교하는 것이 어렵다.
- 실험설계 : 실험설계는 관심있는 변수만 선별하여 그들간의 관계를 관찰, 분석하는 설계이다.

10 ④

귀납적 방법이나 연역적 방법은 상호 배타적 관계가 아니라 상호 보완적 관계에 해당된다. 이들은 서로 순환적 고리로 연결되어 있어 두 가지 방법을 서로 병행하여 과학적 연구가 시도되었다. 즉 귀납적 방법으로 일반원리를 도출하고 이를 다시 연역적 방법으로 검증함으로써 이론적 결과를 유도할 수 있다.

㉠ **귀납적 방법**
- 구체적인 사실로부터 일반원리를 도출해낸다.
- 예 A 사람은 죽는다 (구체적 사실)
    B 사람은 죽는다 (구체적 사실)
    C 사람도 죽는다 (구체적 사실)
    그러므로 모든 사람은 죽는다 (이론)

㉡ **연역적 방법**
- 일정한 이론적 전제를 수립해 놓고 그에 따라 구체적인 사실을 수집하고 검증함으로써 다시 이론적 결론을 유도한다.
- 예 모든 사람은 죽는다 (이론)
    D는 사람이다 (구체적 사실)
    그러므로 D는 죽는다 (이론)

11 변수에 대한 설명으로 틀린 것은?

① 경험적으로 측정 가능한 연구대상의 속성을 나타낸다.

② 독립변수는 결과변수를, 종속변수는 원인의 변수를 말한다.

③ 변수의 속성은 경험적 현실의 전제, 계량화, 속성의 연속성 등이 있다.

④ 변수의 기능에 따른 분류에 따라 독립변수, 종속변수, 매개변수로 나눈다.

12 개인의 특성에서 집단이나 사회의 성격을 규명하거나 추론하고자 할 때 발생할 수 있는 오류는?

① 원자 오류(atomistic fallacy)

② 개인주의적 오류(individualistic fallacy)

③ 생태학적 오류(ecological fallacy)

④ 종단적 오류(longitudinal fallacy)

11 ②

독립변수는 원인변수에 해당되며, 종속변수는 결과변수에 해당된다.

 나노해설

독립변수와 종속변수

㉠ **독립변수**(independent variable) : 종속변수에 영향을 미치는 변수이며, 연구자의 조작이 가능한 변수[동의어 : 원인변수(reason variable), 설명변수(explanatory variable)]

㉡ **종속변수**(dependent variable) : 회귀분석을 통해 예측하고자 하는 변수이며, 독립변수에 의해 값이 결정되는 변수[동의어 : 결과변수(result variable), 반응변수(response variable)]

12 ②

개인적인 특성, 즉 개인을 관찰한 결과를 집단이나 사회 및 국가 특성으로 유추하여 해석할 때 발생하는 오류를 개인주의적 오류라고 한다.

 나노해설

오류의 종류

• 원자오류 : 개별 단위에 대한 조사결과를 근거로 하여 상위의 집단단위에 대한 추론을 시도하는 것(예 : 개인소득이 증가하면 관상동맥질환 사망률이 감소한다는 자료를 바탕으로 국가 GDP가 증가하면 관상동맥질환 사망률이 감소한다라고 추정하는 오류이다. 실제로는 GDP가 높은 나라에서 관상동맥질환 사망률이 높아질 수 있다.)

• 개인주의적 오류 : 개인적인 특성, 즉 개인을 관찰한 결과를 집단이나 사회 및 국가 특성으로 유추하여 해석할 때 발생하는 오류(예 : 1학년 학생인 A가 국어보다 수학을 선호하는 것을 보아 1학년은 국어보다 수학을 선호한다라고 해석하는 오류이다.)

• 생태학적 오류 : 집단이나 집합체 단위의 조사에 근거해서 그 안에 소속된 개별 단위들에 대한 성격을 규정하는 오류 (예 : 노년층 인구비율이 높은 나라는 복지 확대 지지도가 높은 것을 노년층이 복지 확대를 더 많이 지지한다고 해석하는 오류이다.)

13 연구유형에 관한 설명으로 틀린 것은?

① 순수연구 : 이론을 구성하거나 경험적 자료를 토대로 이론을 검증한다.

② 평가연구 : 응용연구의 특수형태로 진행중인 프로그램이 의도한 효과를 가져왔는가를 평가한다.

③ 탐색적 연구 : 선행연구가 빈약하여 조사연구를 통해 연구해야 할 속성을 개념화한다.

④ 기술적 연구 : 축적된 자료를 토대로 특정된 사실관계를 파악하여 미래를 예측한다.

14 좋은 가설의 평가 기준에 대한 설명으로 가장 거리가 먼 것은?

① 경험적으로 검증할 수 있어야 한다.

② 표현이 간단명료하고, 논리적으로 간결하여야 한다.

③ 계량화할 수 있어야 한다.

④ 동의반복적(tautological)이어야 한다.

13 ④

④ 설명적 연구에 대한 설명이다.

설명적 연구와 기술적 연구

㉠ **설명적 연구** : 축적된 자료를 토대로 특정된 사실관계를 파악하여 미래를 예측한다. 이는 왜(why)에 대한 해답을 얻고자 한다.

㉡ **기술적 연구** : 현장에 대한 정확한 기술을 목적으로 한다. 이는 언제(when), 어디서(where), 무엇을 (what), 어떻게(how)에 대한 해답을 얻고자 한다.

14 ④

좋은 가설은 ① 경험적으로 검증할 수 있어야 하며(경험적 근거), ② 표현이 간단명료하고 논리적으로 간결하여야 하며(개념의 명확성), ③ 계량화할 수 있어야 한다(계량화). 또한 가설은 서로 다른 두 개념의 관계를 표현해야 하며, 동의반복적이면 안 된다.

가설

㉠ **개념** : 현상 간이나 둘 이상의 변수 관계를 설명하는 검증되지 않은 명제로 특정 현상에 대한 설명을 가능하게 하도록 독립변수와 종속변수와의 관계 형태로 표현하는 것

㉡ **좋은 가설의 조건**

• **경험적 근거** : 서술되어 있는 변수 관계를 경험적으로 검증할 수 있는 터전이 다져 있어야 한다.

• **특정성** : 가설의 내용은 한정적, 특정적이어서 변수관계와 그 방향이 명백함으로 상린관계의 방향, 성립조건에 관하여 명시할 필요가 있다.

• **개념의 명확성** : 누구에게나 쉽게 전달될 수 있도록 쉬운 용어로 표현되어야 하며 가설을 구성하는 개념이 조작적인 면에서 가능한 명백하게 정의되어야 한다.

• **이론적 근거** : 가설은 이론발전을 위한 강력한 작업 도구로 현존이론에서 구성되며 사실의 뒷받침을 받아 명제 또는 새로운 이론으로 발전한다.

• **조사기술 및 분석 방법과의 관계성** : 검증에 필요한 일체의 조사기술의 장단점을 파악하고 분석 방법의 한계를 알고 있어야 한다.

• **연관성** : 동일 연구 분야의 다른 가설이나 이론과 연관이 있어야 한다.

• **계량화** : 가설은 통계적인 분석이 가능하도록 계량화해야 한다.

• 가설은 서로 다른 두 개념의 관계를 표현해야 하며, 동의반복적이면 안 된다.

15 질문지의 형식 중 간접질문의 종류가 아닌 것은?

① 투사법(Projective Method)

② 오류선택법(Error-Choice Method)

③ 컨틴전시법(Contingence Method)

④ 토의완성법(Argument Completion)

16 경험적 연구의 조사설계에서 고려되어야 할 핵심적인 구성요소를 모두 고른 것은?

> ㉠ 조사대상(누구를 대상으로 하는가)
> ㉡ 조사항목(무엇을 조사할 것인가)
> ㉢ 조사방법(어떤 방법으로 조사할 것인가)

① ㉠, ㉡

② ㉠, ㉡, ㉢

③ ㉠, ㉢

④ ㉡, ㉢

15 ③

간접질문은 응답을 회피할 가능성이 있는 질문에 적용가능하며, 투사법, 오류선택법, 토의완성법 등이 있다.

간접질문의 종류

- 투사법 : 직접 질문하기 힘들거나 질문에 타당한 응답이 나올 가능성이 적을 때에 어떤 자극상태를 만들어 그에 대한 응답자의 반응으로 의도나 의향을 파악하는 방법
- 오류선택법 : 틀린 답 가운데 여러 개를 선택하게 하는 방법
- 토의완성법 : 미완성된 문장 제시하여 태도나 의견조사에 이용하는 방법

16 ②

경험적 연구의 조사설계는 조사대상, 조사항목, 조사방법이 고려되어 설계되어야 한다.

경험적 연구는 주어진 문제에 대한 전문적 지식과 경험을 가진 전문가들에게 정보를 얻어내는 방법이며 보통 문헌조사에서 부족한 부분을 보완하기 위하여 사용한다.

17 다음과 같은 특성을 가진 자료수집방법은?

> • 응답률이 비교적 높다.
> • 질문의 내용에 대한 면접자와 응답자의 상호작용이 가능하며 보다 신뢰성 있는 대답을 얻을 수 있다.
> • 면접자가 응답자와 그 주변 상황을 관찰할 수 있는 이점이 있다.

① 면접조사   ② 전화조사
③ 우편조사   ④ 집단조사

18 횡단연구와 종단연구에 관한 설명으로 틀린 것은?

① 횡단연구는 한 시점에서 이루어진 관찰을 통해 얻은 자료를 바탕으로 하는 연구이다.
② 종단연구는 일정 기간에 여러 번의 관찰을 통해 얻은 자료를 이용하는 연구이다.
③ 횡단연구는 동태적이며, 종단연구는 정태적인 성격이다.
④ 종단연구에는 코호트연구, 패널연구, 추세연구 등이 있다.

17 ①

면접조사는 조사자가 응답자를 직접 대면하여 조사하는 방식이므로 응답률이 높으며, 신뢰성 있는 답변을 얻을 수 있으며 면접자가 응답자와 함께 주변 상황을 관찰할 수 있다.

 나노해설

자료수집방법

- 면접조사 : 조사자가 응답자를 직접 대면하여 조사하는 방식으로 추가 질문을 통해 높은 응답률과 다수의 의견을 얻을 수 있지만, 비용 및 시간이 많이 소요되며 조사원에 따른 편향이 생길 수 있으며 익명성이 보장되지 않기 때문에 민감한 주제에 대한 정확한 응답을 얻기 어렵다.
- 전화조사 : 전화를 통해 조사하는 방식으로 시간과 비용을 절약하여 넓은 지역을 조사할 수 있으며, 신속하게 진행할 수 있으나 전화기가 설치되어 있는 집단으로 표집에 영향을 받으며 응답자를 통제하기가 어렵다.
- 우편조사 : 질문지를 우편으로 보낸 후 반송용 봉투를 이용하여 응답을 받는 방식으로 비용이 저렴하며, 민감한 질문에도 응답 가능성이 높으나 회수율이 낮고 설문지가 애매할 경우 정확한 응답을 얻기 어렵다.
- 집단조사 : 개인적인 접촉이 어려운 경우 추출된 피조사자들을 한 곳에 모아 질문지를 배부한 뒤 직접 기입하도록 하여 회수하는 방법으로 비용과 시간을 절약할 수 있고 응답자들과 동시에 직접 대화할 기회가 있어 질문지에 대한 오류를 줄일 수 있으나 피조사자들을 한 곳에 모으는 것이 용이하지 않으며 집단상황이 응답을 왜곡할 수 있다.

18 ③

일정 시점을 기준으로 모든 변수에 대한 자료를 수집하는 횡단연구는 정태적(static) 성격을 가지고 있으며, 일정 기간 동안 상황의 변화를 반복적으로 측정하는 종단연구는 동태적(dynamic) 성격을 가지고 있다.

 나노해설

종단연구와 횡단연구

㉠ 종단연구
- 같은 표본으로 시간간격을 일정하게 두고 반복적으로 측정하는 조사
- 종류로는 패널조사, 코호트조사, 추세조사 등이 있다.

㉡ 횡단연구
- 일정시점을 기준으로 하여 관련된 모든 변수에 대한 자료를 수집하는 연구방법
- 어떤 사건과 관련된 상황이나 상태의 파악을 정확하게 하기 위해 기술하는 현황조사와 둘이나 그 이상 변수들 간의 관계를 상관계수의 계산으로 확인하는 상관적 연구가 있다

19 다음 사례에서 가장 문제될 수 있는 타당도 저해요인은?

> 2008년 경제위기로 인해 범죄율이 급격히 증가하였고, 이에 경찰은 2009년 순찰활동을 크게 강화하였다. 2010년 범죄율은 급속히 떨어졌고, 경찰은 순찰활동이 범죄율의 하락에 크게 영향을 미쳤다고 발표하였다.

① 성숙효과(maturation effect)
② 통계적 회귀(statistical regression)
③ 검사효과(testing effect)
④ 도구효과(instrumentation)

20 사전–사후측정에서 나타나는 사전측정의 영향을 제거하기 위해 사전측정을 한 집단과 그렇지 않은 집단을 나누어 동일한 처치를 가하여 모든 외생변수의 통제가 가능한 실험설계 방법은?

① 요인설계
② 솔로몬 4집단설계
③ 통제집단 사후측정설계
④ 통제집단 사전사후측정설계

19 ②

사전 측정에서 극단적인 값을 나타내는 집단이 처리 이후 사후 측정에서는 처치의 효과와는 상관없이 결과 값이 평균으로 근접하려는 경우를 통계적 회귀라고 한다. 이는 다시 말해 경제위기로 인해 범죄율이 급격하게 증가하였으며, 2009년 순찰활동을 강화한 이후 2010년 범죄율이 급격하게 떨어졌고 이러한 범죄율 급감이 순찰활동 때문이라고 여길 수 있지만 실제로는 순찰활동과는 상관없이 경제위기의 해소 때문에 이루어졌을 수도 있으므로 타당도를 저해할 수 있다.

 나노해설

타당도 저해요인
• 성숙효과 : 실험기간 도중에 피실험자의 육체적, 심리적 변화가 종속변수에 영향을 미치는 경우
• 통계적 회귀 : 사전 측정에서 극단적인 값을 나타내는 집단이 사후 측정에서는 처치의 효과와는 상관없이 결과값이 평균으로 근접하려는 경우
• 검사효과 : 조사 실시 전, 후에 유사한 검사를 반복하는 경우에 프로그램 참여자들의 친숙도가 높아져서 측정값에 영향을 미치는 현상
• 도구효과 : 측정기준이 달라지거나 측정수단이 변화하여 왜곡되는 현상

20 ②

사전측정의 영향을 제거하기 위해 사전측정을 한 집단과 그렇지 않은 집단을 나누어 동일한 처치를 가하여 모든 외생변수의 통제가 가능한 실험설계 방법을 솔로몬 4집단설계라 한다.

 나노해설

실험설계 방법
• 요인설계 : 두 가지 이상의 독립변수들을 고려하여 이들의 상호 작용으로 미치는 영향을 확인할 수 있는 방법이다.
• 통제집단 사후측정설계 : 무작위 배정에 의해서 동질적인 실험집단과 통제집단을 구성한 다음 실험집단에 대해서는 실험변수를 처리하고 통제집단에 대해서는 실험변수를 처리하지 않는다. (사전측정 없음)
• 통제집단 사전사후측정설계 : 무작위 배정에 의해서 선정된 두 집단에 대하여 실험집단에는 실험변수의 조작을 가하고 통제집단에는 독립변수의 조작을 가하지 않는 방법이다. (사전측정 있음)
• 솔로몬 4집단설계 : 통제집단 사전사후측정설계와 통제집단 사후측정설계를 결합하는 것으로 가장 이상적인 방법이다. (사전효과를 확인하기 위해 사전측정이 있는 군과 없는 군 구분)

21 다음 중 사례조사의 장점이 아닌 것은?

① 사회현상의 가치적 측면의 파악이 가능하다.

② 개별적 상황의 특수성을 명확히 파악하는 것이 가능하다.

③ 반복적 연구가 가능하여 비교하는 것이 가능하다.

④ 탐색적 연구방법으로 사용이 가능하다.

22 설문조사로 얻고자 하는 정보의 종류가 결정된 이후의 질문지 작성과정을 바르게 나열한 것은?

A. 자료수집방법의 결정	B. 질문내용의 결정
C. 질문형태의 결정	D. 질문순서의 결정

① A → B → C → D

② B → C → D → A

③ B → D → C → A

④ C → A → B → D

21 ③

사례조사는 현상을 조사하고 연구하는 것이므로 반복 연구가 어려우며, 다른 사례와 비교하는 것이 불가능하다.

 나노해설

사례조사

㉠ **정의** : 사회적 단위로서의 개인이나 집단 및 지역사회에 관한 현상을 보다 종합적, 집중적으로 연구하기 위한 방법이다.

㉡ **사례조사의 장점**

  • 자료 범위가 광범위하다.
  • 정보의 양과 질이 경제적이다.
  • 표본오차가 정확하다.
  • 가설에 대한 신뢰도를 높여준다.

㉢ **사례조사의 단점**

  • 자료가 피상적이다.
  • 시간과 비용이 많이 든다.
  • 다른 사례와 비교하는 것이 불가능하다.
  • 학술적으로 일반화하기가 힘들다.

22 ①

질문자 작성과정으로는 자료수집방법 결정 → 질문내용 결정 → 질문형태 결정 → 질문순서 결정 순으로 진행한다.

23 연구가설(research hypothesis)에 대한 설명으로 틀린 것은?

① 모든 연구에는 명백히 연구가설을 설정해야 한다.

② 연구가설은 일반적으로 독립변수와 종속변수로 구성된다.

③ 연구가설은 예상된 해답으로 경험적으로 검증되지 않은 이론이라 할 수 있다.

④ 가치중립적이어야 한다.

24 우편조사시 취지문이나 질문지 표지에 반드시 포함되지 않아도 되는 사항은?

① 조사기관

② 조사목적

③ 자료분석방법

④ 비밀유지보장

23 ①

연구가설은 ② 독립변수와 종속변수와의 관계 형태로 표현하는 것으로 ③ 경험적으로 검증되지 않은 이론을 의미한다. 또한 좋은 가설은 ④ 가치중립적이며 개념이 명확하여야 한다. 연구를 위해서는 연구가설이 필요하지만 탐색적 연구처럼 본 연구를 위해 필요한 지식이 부족할 때 실시하는 연구의 경우는 아직 명확한 연구계획이나 방법이 설계되기 전이기 때문에 반드시 모든 연구에서 명백히 연구가설을 설정하고 시작해야 되는 것은 아니다.

 나노해설

가설

㉠ **정의** : 현상 간이나 둘 이상의 변수 관계를 설명하는 검증되지 않은 명제로 특정 현상에 대한 설명을 가능하게 하도록 독립변수와 종속변수와의 관계 형태로 표현하는 것

㉡ **좋은 가설의 조건**

• 경험적 근거 : 서술되어 있는 변수 관계를 경험적으로 검증할 수 있는 터전이 다져 있어야 한다.

• 특정성 : 가설의 내용은 한정적, 특정적이어서 변수관계와 그 방향이 명백함으로 상린관계의 방향, 성립조건에 관하여 명시할 필요가 있다.

• 개념의 명확성 : 누구에게나 쉽게 전달될 수 있도록 쉬운 용어로 표현되어야 하며 가설을 구성하는 개념이 조작적인 면에서 가능한 명확하게 정의되어야 한다.

• 이론적 근거 : 가설은 이론발전을 위한 강력한 작업 도구로 현존이론에서 구성되며 사실의 뒷받침을 받아 명제 또는 새로운 이론으로 발전한다.

• 조사기술 및 분석 방법과의 관계성 : 검증에 필요한 일체의 조사기술의 장단점을 파악하고 분석 방법의 한계를 알고 있어야 한다.

• 연관성 : 동일 연구 분야의 다른 가설이나 이론과 연관이 있어야 한다.

• 계량화 : 가설은 통계적인 분석이 가능하도록 계량화해야 한다.

• 가설은 서로 다른 두 개념의 관계를 표현해야 하며, 동의반복적이면 안 된다.

24 ③

조사기관과 조사목적, 응답과 반송의 필요성, 응답 내용의 비밀보장 등의 내용을 담고 있어야 한다. 자료분석방법은 굳이 포함되지 않아도 된다.

 나노해설

우편조사의 의의 … 질문지 우송대상자 선정을 표본추출방법에 따라 선택하여 조사표를 송달, 회수하여 조사하는 방법

25 관찰자의 유형에 관한 설명으로 틀린 것은?

① 완전참여자는 연구 과정에서 윤리적 문제를 발생시킬 수 있다.

② 연구자가 완전참여자일 때는 연구대상에 영향을 미치지 않는다.

③ 완전관찰자의 관찰은 피상적이고 일시적이 될 수 있다.

④ 완전관찰자는 완전참여자보다 연구대상을 충분히 이해할 수 있는 가능성이 낮다.

26 경험적으로 검증할 수 있는 가설의 예로 옳은 것은?

① 불평등은 모든 사회에서 나타날 것이다.

② 다양성이 존중되는 사회가 그렇지 않은 사회보다 더 바람직하다.

③ 모든 행위는 비용과 보상에 의해 결정된다.

④ 여성의 노동참여율이 높을수록 출산율은 낮을 것이다.

25 ②

① 완전참여자는 관찰자가 신분을 속이고 대상 집단에 완전히 참여하여 관찰하기 때문에 대상 집단의 윤리적인 문제를 겪을 가능성이 가장 높은 유형임

② 완전참여자는 관찰자가 신분을 속이고 대상 집단에 완전히 참여하여 관찰하므로 연구자가 연구대상에 영향을 높게 미칠 수 있다.

③ 완전관찰자는 제3자의 입장으로 객관적으로 관찰하는 것에 그치기 때문에 관찰이 피상적이고 일시적일 수 있다.

④ 완전관찰자는 제3자의 입장으로 객관적으로 관찰하는 것에 그치기 때문에 완전히 대상 집단에 참여하는 경우에 비해 연구대상을 충분히 이해하기 어렵다.

 나노해설

관찰자의 유형

• 완전참여자 : 관찰자는 신분을 속이고 대상 집단에 완전히 참여하여 관찰하는 것으로 대상 집단의 윤리적인 문제를 겪을 가능성이 가능 높은 유형

• 완전관찰자 : 관찰자는 제3자의 입장에서 객관적으로 관찰하는 유형

• 참여자적 관찰자 : 연구대상자들에게 참여자의 신분과 목적을 알리나 조사 집단에는 완전히 참여하지는 않는 유형

• 관찰자적 참여자 : 연구대상자들에게 참여자의 신분과 목적을 알리고 조사 집단의 일원으로 참여하여 활동하는 유형

26 ④

경험적 검증이 가능한 가설은 변수들을 조작적으로 정의할 수 있어야 하며 이들을 직접 관찰하거나 측정할 수 있어야 한다.

① 불평등, ② 다양성, ③ 행위는 각각의 정량적 조작적 정의가 되어 있지 않기 때문에 이들을 검증하기는 어려운 반면에 ④의 경우 여성의 노동참여율과 출산율은 수치를 수집할 수 있으며 이들의 상관성을 통해 여성의 노동참여율이 높을수록 출산율이 낮아지는지를 통계적 분석을 통해 검증할 수 있다.

27 다음 중 분석단위가 다른 것은?

① 65세 이상 노인층에서 외부활동 시간은 남성보다 여성에게 높게 나타난다.

② X정당 후보에 대한 지지율은 A지역이 B지역보다 높다.

③ A기업의 회장은 B기업의 회장에 비하여 성격이 훨씬 더 이기적이다.

④ 선진국의 근로자들과 후진국의 근로자들의 생산성을 국가별로 비교한 결과 선진국의 생산성이 더 높았다.

28 면접원을 활용하는 조사 중 상이한 특성의 면접원에 의해 발생하는 편향(bias)이 가장 클 것으로 추정되는 조사는?

① 전화 인터뷰 조사

② 심층 인터뷰 조사

③ 구조화된 질문지를 사용하는 인터뷰 조사

④ 집단 면접 조사

27 ③

①(65세 이상의 노인집단), ②(A, B지역 주민 집단), ④(선진국, 후진국 근로자들 집단)은 분석단위가 집단에 해당하나 ③(A, B 기업 회장)은 개인이 된다.

분석단위
- 연구대상 혹은 연구대상자를 지칭
- 일반화하고자 하는 집합으로부터 구분하는 것이 중요

28 ②

심층 인터뷰 조사의 경우, 숙련된 면접원이 대상자가 느끼고 있는 감정, 동기, 신념, 태도 등을 자세하게 알아 낼 수 있는 비정형화된 자료 수집 방법이나 면접원의 면접 능력과 분석 능력에 따라 응답 내용이 영향을 받을 수 있기 때문에 특정 면접원에 의해 발생하는 편향이 가장 클 것이라 추정된다.

면접 조사의 종류
- 전화 인터뷰 조사 : 면접원이 응답자를 직접 만나서 인터뷰하는 것 대신 전화를 통해 응답자에게 설문을 시행하고 자료를 수집하는 방법
- 심층 인터뷰 조사 : 숙련된 면접원이 대상자에게 연구 주제와 관련된 응답자의 감정, 동기, 신념, 태도 등을 알아 낼 수 있는 비정형화된 자료 수집 방법
- 질문지 인터뷰 조사 : 설문조사법이라고도 함. 다수의 응답자들을 대상으로 표준화된(=구조화된) 설문지를 이용하여 모든 응답자들에게 동일한 방법으로 질문하는 자료 수집 방법
- 집단 면접 조사 : 조사대상으로 선정된 집단은 자유로운 대화나 토론을 통해 문제점을 찾아내고 그 해결책을 찾아가는 방법이다. 이러한 형식으로 표적집단면접법(FGI-Focus Group Interview)가 있으며, 이는 좀 더 소수의 응답자와 집중적으로 대화를 통해 정보를 찾아내는 소비자 면접 조사 형태를 의미한다.

29 실험연구의 내적타당도를 저해하는 원인 가운데 실험기간 중 독립변수의 변화가 아닌 피실험자의 심리적 · 연구통계적 특성의 변화가 종속변수에 영향을 미치는 경우에 해당하는 것은?

① 우발적 사건

② 성숙효과

③ 표본의 편중

④ 통계적 회귀

30 다음 중 특정 연구에 대한 사전 지식이 부족할 때 예비조사(pilot test)에서 사용하기 가장 적합한 질문유형은?

① 개방형 질문

② 폐쇄형 질문

③ 가치중립적 질문

④ 유도성 질문

29 ②

실험기간 도중에 피실험자의 육체적, 심리적 변화가 종속변수에 영향을 미치는 경우를 성숙효과라고 하며 이는 내적타당도를 저해하는 원인 중의 하나이다.

 나노해설

- 우발적 사건 : 연구자와 상관없이 우발적으로 발생하여 종속변수에 영향을 주는 경우
- 성숙효과 : 실험기간 도중에 피실험자의 육체적, 심리적 변화가 종속변수에 영향을 미치는 경우
- 표본의 편중 : 비교 집단간의 실험 전 상태가 서로 상이함에 따라 독립변수의 효과를 왜곡하여 나타나는 경우
- 통계적 회귀 : 사전 측정에서 극단적인 값을 나타내는 집단이 사후 측정에서는 처치의 효과와는 상관없이 결과값이 평균으로 근접하려는 경우

30 ①

개방형 질문은 가능한 응답 범주를 모두 알 수 없을 경우에 주로 사용하며, 연구자가 전혀 예상하지 못했던 응답을 얻을 수 있다. 그렇기에 예비조사 목적으로 사용할 경우 유용하다.

 나노해설

질문의 유형
- 폐쇄형 질문 : 객관식 질문 형태
- 개방형 질물 : 주관식 질문 형태
- 가치중립적 질문 : 조사자의 가치판단을 배제하고 중립적인 질문 형태
- 유도성 질문 : 특정 대답을 암시하거나 유도하는 질문 형태

31 특정 변수를 중심으로 모집단을 일정한 범주로 나눈 다음 집단별로 필요한 대상을 사전에 정해진 비율로 추출하는 표집방법은?

① 할당표집

② 군집표집

③ 판단표집

④ 편의표집

32 신뢰도를 향상시키는 방법에 관한 설명으로 옳지 않은 것은?

① 중요한 질문의 경우 동일하거나 유사한 질문을 2회 이상 한다.

② 측정항목의 모호성을 제거하기 위해 내용을 명확히 한다.

③ 이전의 조사에서 이미 신뢰성이 있다고 인정된 측정도구를 이용한다.

④ 조사대상자가 잘 모르거나 전혀 관심이 없는 내용일수록 더 많이 질문한다.

31 ①

미리 정해진 기준(=특정 변수 중심)에 의해 전체 집단을 소집단으로 구분(=모집단을 일정한 범주로 나눈 다음) 각 집단별 필요한 대상자를 추출하는 표집방법을 할당표집이라고 한다.

 나노해설

비확률표본추출 종류
- 편의표본추출 : 임의로 선정한 지역과 시간대에 조사자가 원하는 대상자를 표본으로 선택하는 방법
- 판단표본추출 : 조사 내용을 잘 알고 있거나 모집단의 의견을 잘 반영할 수 있을 것이라 판단되는 대상자 또는 집단을 표본으로 선택하는 방법
- 할당표본추출 : 미리 정해진 기준에 의해 전체 집단을 소집단으로 구분하고 각 집단별 필요한 대상자를 추출하는 방법
- 눈덩이(=스노우볼)추출 : 이미 참가한 대상자들에게 그들이 알고 있는 사람들을 가운데 추천을 받아 선정하는 방법

32 ④

조사대상자가 잘 모르거나 관심없는 내용을 더 많이 질문하게 되면 조사대상자가 대충 답변하거나 잘못 답변할 가능성이 높기 때문에 조사의 신뢰도가 낮아진다.

 나노해설

신뢰도를 향상시키는 방법
- 측정항목을 늘리고, 동일하거나 유사한 질문을 2회 이상 시행하여 확인한다.
- 면접자들의 일관적인 면접방식과 태도는 일관성 있는 답변을 유도할 수 있다.
- 내용의 명확성을 해치는 애매모호하거나 상이한 문구나 측정도구는 제거한다.
- 이미 신뢰성이 있다고 인정된 측정도구를 사용한다.
- 조사대상자가 어려워하거나 관심이 없는 내용의 경우, 무성의한 답변으로 될 수 있으므로 제외한다.

33 개념의 구성요소가 아닌 것은?

① 일반적 합의

② 정확한 정의

③ 가치중립성

④ 경험적 준거틀

34 조작적 정의(operational definitions)에 관한 설명으로 옳은 것은?

① 현실세계에서 검증할 수 없다.

② 개념적 정의에 앞서 사전에 이루어진다.

③ 경험적 지표를 추상적으로 개념화하는 것이다.

④ 개념적 정의를 측정이 가능한 형태로 변환하는 것이다.

35 조작적 정의와 예시로 적절하지 않은 것은?

① 빈곤 - 물질적인 결핍 상태

② 소득 - 월 (   )만 원

③ 서비스만족도 - 재이용 의사 유무

④ 신앙심 - 종교행사 참여 횟수

33 ③

개념은 ④ 경험적 준거를 바탕으로 ① 일반적 합의를 이룰 수 있는 ② 정확한 정의를 의미한다.

 나노해설

개념의 의의

㉠ 우리 주위의 일정한 현상들을 일반화함으로써 현상들을 대표할 수 있는 추상화된 표현이나 용어

㉡ 개념의 구비조건

- 명확성 : 개념의 존재 이유를 명확하고 한정적인 특징으로 나타내여야 한다.
- 통일성 : 동일한 현상에 각기 서로 다른 개념을 사용하는 경우, 혼란을 초래하므로 개념의 통일성이 실현되어야 한다.
- 범위의 제한성 : 범위가 너무 넓으면 현상의 측정이 곤란하고, 좁으면 이론 현상의 개념은 제한을 받는다.
- 체계성 : 개념이 부분으로 대표로 된 명제, 이론에 있어서 어느 정도 구체화되어 있는가를 의미한다.

34 ④

① 조작적 정의는 객관적이고 경험적으로 기술하기 위한 정의이므로 현실 세계에서 검증할 수 있어야 한다.

② 개념적 정의가 먼저 사전에 이루어진다.

③ 개념적 정의를 측정 가능한 형태로 변환하는 것이 조작적 정의이다.

 나노해설

개념적 정의와 조작적 정의

㉠ 개념적 정의

- 추상적 수준 정의

㉡ 조작적 정의

- 객관적이고 경험적으로 기술하기 위한 정의
- 측정 가능한 형태로 변화

35 ①

조작적 정의는 무엇보다 명확하여야 한다. 즉, 빈곤을 기준이 모호하게 물질적 결핍 상태로만 보는 것이 아니라 연소득 (　) 이하 등 객관적이고 정량화가 가능한 기준이 있어야 한다.

36 측정도구 자체가 측정하고자 하는 속성이나 개념을 얼마나 대표할 수 있는지를 평가하는 것은?

① 실용적 타당도(pragmatic validity)

② 내용타당도(content validity)

③ 기준 관련 타당도(criterion−related validity)

④ 구성체타당도(construct validity)

36 ②

내용타당도는 측정하고자 하는 내용을 정의함으로써 측정도구의 내용이 전문가의 판단이나 주어진 기준에 어느 정도 일치하는지를 나타내는 것이다. 즉, 측정도구가 측정하고자 하는 속성이나 개념을 대표할 수 있는지를 평가할 수 있는 부분이다.

타당도의 종류

㉠ **표면타당도** : 검사 문항들이 해당 검사에 의해 측정하고자 하는 내용을 얼마나 충실하게 측정하고 있는지를 포함

㉡ **내용 타당도**
- 전문가의 주관적인 판단(전문지식)에 의해 측정하고자 하는 내용과 측정도구 내용이 타당하는지를 판단하는 것
- ⓓ 음주 단속을 실시할 때 차량 청결상태를 측정하는 것은 내용타당도 부분에서 잘못됨

㉢ **기준관련 타당도**
- 동시적 타당도
- –현재 존재하고 있는 신뢰할 만한 타당성이 입증된 측정도구 사용(현재 시점 중요)
- –ⓓ 현재 존재하는 검사 키트를 새로운 검사 키트로 검사해도 결과가 같은 경우
- 예측 타당도
- –현재 측정된 결과가 미래에 측정될 결과와 일치하는지 여부(미래 시점 예측)
- –ⓓ 초등학교 IQ 검사 결과와 수능 점수와의 관계

㉣ **구성(개념) 타당도**
- 이해 타당도
- –이론을 통해 만들어진 측정 항목 개념끼리의 관계가 실제 조사를 진행했을 시 체계적으로 나타나는지 분석
- –특정 개념과 실제 조사 결과와 부합하는 경우
- 판별 타당도
- –상이한 개념이라면 같은 방법으로 측정하였을 경우, 결과 값의 상관관계가 낮게 나오는 것
- –ⓓ 혈액 검사로 자동차 배기가스 측정을 한다면 둘 사이의 상관성이 낮다.
- 수렴(집중) 타당도
- –동일한 개념을 서로 다른 방법으로 측정하더라도 결과값은 상관관계가 높게 나오는 것
- –ⓓ 술취함에 대한 정도를 호흡측정과 혈액측정이라는 다른 방법을 사용하여 측정하더라도 술취함과 높은 상관성을 가지는 것

37 측정 시 발생하는 오차에 대한 설명으로 틀린 것은?

① 신뢰도는 체계적 오차(systematic error)와 관련된 개념이다.

② 비체계적 오차(random error)는 오차의 값이 다양하게 분산되며, 상호 상쇄되는 경향도 있다.

③ 체계적 오차는 오차가 일정하거나 또는 치우쳐 있다.

④ 비체계적 오차는 측정대상, 측정과정, 측정수단, 측정자 등에 일시적으로 영향을 미쳐 발생하는 오차이다.

38 신뢰도와 타당도에 관한 설명 중 옳지 않은 것은?

① 신뢰도가 높다고 해서 반드시 타당도가 높다는 것을 의미하지는 않는다.

② 타당도가 신뢰도에 비해 확보하기가 용이하다.

③ 신뢰도가 낮으면 타당도를 말할 수가 없다.

④ 신뢰도가 있는 측정은 타당도가 있을 수도 있고 없을 수도 있다.

37 ①

체계적 오차는 타당성과 관련이 있으며, 비체계적 오차가 신뢰성과 관련이 있다.

체계적 오차와 비체계적 오차

㉠ **체계적 오차**
- 측정대상이나 측정과정에 대하여 체계적으로 영향을 미침으로써 오차를 초래하는 것
- 자연적, 인위적으로 지식, 신분, 인간성 등의 요인들이 작용하여 측정에 있어 오차를 초래한다.
- 타당성과 관련된 개념임

㉡ **비체계적 오차**
- 측정대상, 상황, 과정, 측정자 등에 있어서 우연적, 가변적인 일시적 형편에 의하여 측정결과에 영향을 미치는 측정상의 우연한 오차
- 사전에 알 수도 없고 통제할 수도 없다.
- 신뢰성과 관련된 개념임

38 ②

타당도와 신뢰도는 별개의 문제로 인식하여야 하며, 둘 중 어느 하나가 더 확보하기 용이한 문제는 아니다.

신뢰도와 타당도

㉠ **신뢰도 의의**
- 동일한 측정도구를 시간을 달리하여 반복해서 측정했을 경우에 동일한 측정결과를 얻게 되는 정도
- 측정 방법 : 재검사법, 반문법, 복수양식법 등

㉡ **타당도 의의**
- 측정도구 자체가 측정하고자 하는 개념이나 속성을 어느 정도 정확히 반영할 수 있는가를 나타내는 정도
- 측정 방법 : 내용타당도, 기준관련타당도, 개념타당도 등

㉢ **신뢰도와 타당도의 비교**
- 측정이 정확하게 이루어지지 않으면 모든 과학적 연구는 타당도를 잃게 되며, 신뢰도와 타당도는 상호보완적이지만 별개의 문제로 인식하여야 한다.
- 측정에 타당도가 있으면 신뢰도가 있다.
- 신뢰도가 높은 도구가 타당도도 높은 것은 아니다.
- 측정에 타당도가 없으면 신뢰도가 있을 수도 있고 없을 수도 있다.
- 측정에 신뢰도가 있으면 타당도가 있을 수도 있고 없을 수도 있다.
- 측정에 신뢰도가 없으면 타당도가 없다.

39 다음의 사항을 측정할 때 측정수준이 다른 것은?

① 교통사고 횟수 　　　　　② 몸무게

③ 온도 　　　　　　　　　④ 저축금액

40 모집단을 구성하고 있는 구성요소들이 자연적인 순서 또는 일정한 질서에 따라 배열된 목록에서 매 k번째의 구성요소를 추출하여 표본을 형성하는 표집방법은?

① 체계적 표집 　　　　　　② 무작위표집

③ 층화표집 　　　　　　　④ 판단표집

41 표본크기에 관한 설명으로 옳은 것은?

① 변수의 수가 증가할수록 표본 크기는 커야 한다.

② 모집단위 이질성이 클수록 표본 크기는 작아야 한다.

③ 소요되는 비용과 시간은 표본 크기에 영향을 미치지 않는다.

④ 분석변수의 범주의 수는 표본 크기를 결정하는 요인이 아니다.

39 ③

온도는 등간척도에 해당되며, 교통사고 횟수, 몸무게, 저축금액은 비율척도에 해당된다.

등간척도와 비율척도
㉠ **등간척도** : 온도와 같이 간격의 정보가 포함되어 있으며, 부등호 관계 및 사칙연산이 가능하다.
㉡ **비율척도** : 절대 0의 값을 가지며, 사칙연산이 가능하다.
㉢ 등간척도와 비율척도의 차이는 절대 0의 개념이며, 예를 들어, 온도의 경우, 0℃는 "없다(=절대 0)"의 개념이 아닌, 간격 중 하나에 해당하나 음식 섭취량에서 0kcal는 "없다(=절대 0)"의 개념이다.

40 ①

모집단으로부터 임의로 첫 번째 추출 단위를 추출하고 두 번째부터는 일정한 간격을 기준으로 표본을 추출하는 방법은 계통표집 또는 체계적 표집이라고 함.

확률표본추출 종류
• 무작위표본추출 : 모집단 내에서 무작위로 추출하는 방법
• 계통추출 : 체계적 추출이라고도 함. 모집단으로부터 임의로 첫 번째 추출 단위를 추출하고 두 번째부터는 일정한 간격을 기준으로 표본을 추출하는 방법
• 층화표본추출 : 모집단을 일정 기준으로 층을 나눈 다음 각 층에서 표본을 추출하는 방법
• 군집표본추출 : 모집단의 대상을 직접 추출하지 않고 모집단을 여러 군집(cluster)으로 묶어 이 군집을 표본으로 추출하여 군집 내 대상자들을 조사하는 방법

41 ①

① 변수의 수가 증가할수록 표본 크기는 커진다.
② 모집단위의 이질성이 클수록 표본 크기는 커진다.
③ 소요되는 비용과 시간이 적어야 된다면 표본 크기는 작아져야 되므로 소요되는 비용과 시간은 표본 크기에 영향을 미친다.
④ 분석변수의 범주 수가 많을수록 표본 크기는 커져야 되므로 범주 수는 표본 크기에 영향을 미친다.

대표성이 높은 표집을 선택하기 위해서는 표본의 크기가 커야 하며, 이러한 표본의 크기를 결정하는데 영향을 주는 요인으로는 신뢰도가 높을수록, 모집단위 동질성이 높을수록, 자료의 범주 수가 적을수록 표본 크기가 작아진다.

42 명목척도(nominal scale)에 관한 설명으로 옳지 않은 것은?

① 측정의 각 응답 범주들이 상호 배타적이어야 한다.

② 측정 대상의 특성을 분류하거나 확인할 목적으로 숫자를 부여하는 것이다.

③ 하나의 측정 대상이 두 개의 값을 가질 수는 없다.

④ 절대영점이 존재한다.

43 측정항목이 가질 수 있는 모든 조합의 상관관계의 평균값을 산출해 신뢰도를 측정하는 방법은?

① 재검사법(test-retest method)

② 복수양식법(parallel form method)

③ 반분법(split-half method)

④ 내적 일관성법(internal consistency method)

42 ④

절대영점이 존재하는 것은 비율척도에 해당된다.

척도의 종류
- ⊙ **명목척도** : 성별(남자=1, 여자=2)처럼 이름이나 명칭 대신에 숫자를 부여한 것으로 숫자에 특별한 정보를 담고 있지는 않음
- ⓒ **서열척도** : 성적(A, B, C)과 같이 명목측정의 성격을 가지고 있으며, 추가적으로 대상의 순위나 서열을 나타냄
- ⓒ **등간척도** : 온도와 같이 간격의 정보가 포함되어 있으며, 부등호 관계 및 사칙연산이 가능하다.
- ⓔ **비율척도** : 절대 0의 값을 가지며, 사칙연산이 가능하다.
- ⑩ 등간척도와 비율척도의 차이는 절대 0의 개념이며, 예를 들어, 온도의 경우, 0℃는 "없다(=절대 0)"의 개념이 아닌, 간격 중 하나에 해당되나 음식 섭취량에서 0kcal는 "없다(=절대 0)"의 개념임

43 ④

크론바흐 알파계수를 이용하여 전체 문항을 반문하여 그룹의 측정 결과 사이의 상관관계를 바탕으로 신뢰도를 검증하는 방법을 내적 일관성법이라고 한다.

신뢰도 검증방법
- ⊙ **재검사법** : 사용하고자 하는 측정 도구를 가지고 특정 대상을 측정하고, 일정 시간이 지난 후 다시 동일한 측정 도구와 대상자를 대상으로 측정하여 신뢰도를 검증하는 방법
- ⓒ **복수양식법** : 두 개의 비슷한 측정 도구를 동일 대상자에게 반복하여 측정하여 신뢰도를 검증하는 방법
- ⓒ **반문법** : 측정 도구를 구성하고 있는 전체 문항을 두 개의 그룹으로 나누어 측정한 다음 각 그룹의 측정 결과를 바탕으로 신뢰도를 검증하는 방법
- ⓔ **내적 일관성법** : 크론바흐 알파계수를 이용하여 전체 문항을 반문하여 그룹의 측정 결과 사이의 상관관계를 바탕으로 신뢰도를 검증하는 방법

44 4년제 대학교 대학생 집단을 학년과 성, 단과대학(인문사회, 자연, 예체능, 기타)으로 구분하여 할당표집할 경우 할당표는 총 몇 개의 범주로 구분되는가?

① 4

② 24

③ 32

④ 48

45 확률표집에 대한 설명으로 틀린 것은?

① 확률표집의 기본이 되는 것은 단순 무작위표집이다.

② 확률표집에서는 모집단위 모든 요소가 뽑힐 확률이 '0'이 아닌 확률을 가진다는 것을 전제한다.

③ 확률표집은 여러 가지 통계적인 기법을 적용해 모집단에 대한 일반화를 할 수 있다.

④ 확률표집의 종류로 할당표집이 있다.

44 ③

학년(1~4학년) 4가지×성(남자, 여자) 2가지×단과대학(인문사회, 자연, 예체능, 기타) 4가지 = 32가지 범주

 나노해설

할당표본추출 … 미리 정해진 기준에 의해 전체 집단을 소집단으로 구분하고 각 집단별 필요한 대상자를 추출하는 방법

45 ④

할당표집은 비확률표집에 해당된다.

 나노해설

확률표본추출과 비확률표본추출

ⓐ **확률표본추출 종류**
- **무작위표본추출** : 모집단 내에서 무작위로 추출하는 방법
- **계통추출** : 모집단으로부터 임의로 첫 번째 추출 단위를 추출하고 두 번째부터는 일정한 간격을 기준으로 표본을 추출하는 방법
- **층화표본추출** : 모집단을 일정 기준으로 층을 나눈 다음 각 층에서 표본을 추출하는 방법
- **군집표본추출** : 모집단의 대상을 직접 추출하지 않고 모집단을 여러 군집(cluster)으로 묶어 이 군집을 표본으로 추출하여 군집 내 대상자들을 조사하는 방법

ⓑ **비확률표본추출 종류**
- **편의표본추출** : 임의로 선정한 지역과 시간대에 조사자가 원하는 대상자를 표본으로 선택하는 방법
- **판단표본추출** : 조사 내용을 잘 알고 있거나 모집단의 의견을 잘 반영할 수 있을 것이라 판단되는 대상자 또는 집단을 표본으로 선택하는 방법
- **할당표본추출** : 미리 정해진 기준에 의해 전체 집단을 소집단으로 구분하고 각 집단별 필요한 대상자를 추출하는 방법
- **눈덩이(=스노우볼)추출** : 이미 참가한 대상자들에게 그들이 알고 있는 사람들 가운데 추천을 받아 선정하는 방법

46 어느 커피매장에서 그 커피매장에 오는 고객들을 대상으로 제품 선호도 설문조사를 실시하여 신상품을 개발한 경우, 설문조사 표본을 구성하는 과정에 해당하는 표집방법은?

① 군집표집

② 판단표집

③ 편의표집

④ 할당표집

47 일반적인 표본추출과정을 바르게 나열한 것은?

> A. 모집단의 확정
> B. 표본프레임의 결정
> C. 표본추출의 실행
> D. 표본크기의 결정
> E. 표본추출방법의 결정

① A → B → E → D → C

② A → D → E → B → C

③ D → A → B → E → C

④ A → B → D → E → C

46 ③

임의로 선정한 지역(커피매장)과 시간대(커피매장을 방문하는 시간)에 조사자가 원하는 대상자를 표본으로 선택하여 설문조사를 하는 방법은 편의표집에 해당된다.

 나노해설

확률표본추출과 비확률표본추출

㉠ **확률표본추출 종류**
- 무작위표본추출 : 모집단 내에서 무작위로 추출하는 방법
- 계통추출 : 모집단으로부터 임의로 첫 번째 추출 단위를 추출하고 두 번째부터는 일정한 간격을 기준으로 표본을 추출하는 방법
- 층화표본추출 : 모집단을 일정 기준으로 층을 나눈 다음 각 층에서 표본을 추출하는 방법
- 군집표본추출 : 모집단의 대상을 직접 추출하지 않고 모집단을 여러 군집(cluster)으로 묶어 이 군집을 표본으로 추출하여 군집 내 대상자들을 조사하는 방법

㉡ **비확률표본추출 종류**
- 편의표본추출 : 임의로 선정한 지역과 시간대에 조사자가 원하는 대상자를 표본으로 선택하는 방법
- 판단표본추출 : 조사 내용을 잘 알고 있거나 모집단의 의견을 잘 반영할 수 있을 것이라 판단되는 대상자 또는 집단을 표본으로 선택하는 방법
- 할당표본추출 : 미리 정해진 기준에 의해 전체 집단을 소집단으로 구분하고 각 집단별 필요한 대상자를 추출하는 방법
- 눈덩이(=스노우볼)추출 : 이미 참가한 대상자들에게 그들이 알고 있는 사람들 가운데 추천을 받아 선정하는 방법

47 ①

표본추출과정은 모집단을 확정하고, 표본프레임을 결정하고, 표본추출방법을 결정하여, 표본크기를 결정하고 마지막으로 표본추출을 실행한다.

48 A항공사에서 자사의 마일리지 사용자 중 최근 1년 동안 10만 마일 이상 사용자들을 모집단으로 하면서 자사 마일리지 카드 소지자 명단을 표본프레임으로 사용하여 전체에서 표본추출을 할 때의 표본프레임 오류는?

① 모집단이 표본프레임 내에 포함되는 경우

② 표본프레임이 모집단 내에 포함되는 경우

③ 모집단과 표본프레임의 일부분만이 일치하는 경우

④ 모집단과 표본프레임이 전혀 일치하지 않는 경우

49 척도의 종류 중 비율척도에 관한 설명으로 틀린 것은?

① 절대적인 기준을 가지고 속성의 상대적 크기비교 및 절대적 크기까지 측정할 수 있도록 비율의 개념이 추가된 척도이다.

② 수치상 가감승제와 같은 모든 산술적인 사칙연산이 가능하다.

③ 비율척도로 측정된 값들이 가장 많은 정보를 포함하고 있다고 볼 수 있다.

④ 월드컵 축구 순위 등이 대표적인 예이다.

48 ①

모집단과 표본프레임
㉠ **모집단** : 최근 1년 동안 10만 마일 이상 사용자
㉡ **표본프레임** : 자사 마일리지 카드 소지자 명단
㉢ 모집단 < 표본프레임
㉣ 표본프레임 내에 속해 있는 구성원 가운데 모집단에 표함되지 않는 구성원이 있어 10만 마일 이상 사용하지 않는 사용자도 표본으로 선정될 가능성이 있다. 이러한 표본프레임의 오류를 모집단이 표본프레임 내에 포함되는 경우라 한다.

 나노해설

표본프레임 오류의 종류
• 표본프레임이 모집단 내에 포함되는 경우 : 모집단이 표본프레임을 완전히 포함하고 더 넓은 부위까지 포함하는 경우
• 모집단이 표본프레임 내에 포함되는 경우 : 표본프레임 내에 속해 있는 구성요소 가운데 모집단에 포함되지 않는 부분이 있어 이 부분이 표본으로 선정될 수 있으므로 오차 발생 가능
• 모집단과 표본프레임의 일부만이 일치하는 경우 : 표본의 대표성이 낮아짐

49 ④

월드컵 축구 순위는 서열척도에 해당된다.

 나노해설

척도의 종류
㉠ **명목척도** : 성별(남자=1, 여자=2)처럼 이름이나 명칭 대신에 숫자를 부여한 것으로 숫자에 특별한 정보를 담고 있지는 않음
㉡ **서열척도** : 성적(A, B, C)과 같이 명목측정의 성격을 가지고 있으며, 추가적으로 대상의 순위나 서열을 나타냄
㉢ **등간척도** : 온도와 같이 간격의 정보가 포함되어 있으며, 부등호 관계 및 사칙연산이 가능하다.
㉣ **비율척도** : 절대 0의 값을 가지며, 사칙연산이 가능하다.
㉤ 등간척도와 비율척도의 차이는 절대 0의 개념이며, 예를 들어, 온도의 경우, 0℃는 "없다(=절대 0)"의 개념이 아닌, 간격 중 하나에 해당하나 음식 섭취량에서 0kcal는 "없다(=절대 0)"의 개념임

50 의미분화척도(semantic differential scale)에 관한 설명과 가장 거리가 먼 것은?

① 어떠한 개념에 함축되어 있는 의미를 평가하기 위한 방법으로 고안되었다.

② 하나의 개념을 주고 응답자들로 하여금 여러 가지 의미의 차원에서 그 개념을 평가하도록 한다.

③ 일반적인 형태는 척도의 양극단에 서로 상반되는 형용사를 배치하여 그 문항들을 응답자에게 제시한다.

④ 자료의 분석과정에서 다변량분석과 같은 통계적 처리 과정에 적용하는 것이 용이하지 않다.

51 크론바흐 알파(Cronbach alpha)에 관한 설명으로 틀린 것은?

① 표준화된 알파라고도 한다.

② 값의 범위는 −1에서 +1까지이다.

③ 문항 간 평균상관관계가 증가할수록 값이 커진다.

④ 문항의 수가 증가할수록 값이 커진다.

50 ④

의미분화척도는 다차원적인 개념을 측정하는데 사용되는 척도로서 다변량분석과 같은 통계적 처리과정에 적용하기 용이하다.

 나노해설

의미분화척도(=어의차별법)
- 태도를 측정하는 방법
- 다차원적인 개념을 측정하는데 사용되는 척도
- 하나의 개념에 대하여 응답자들로 하여금 여러 가지 의미의 차원에서 평가

51 ②

크로바흐 알파는 0~1 사이의 값이다.

 나노해설

크론바흐 알파
- 신뢰도계수
- 0~1 사이의 값을 범위로 함
- 내적일관성(Internal Consistency) 측정
- 변수들끼리의 상관성이 크거나 항목별 분산이 작을수록, 표본 개수가 많을수록 알파값은 커진다.

52 측정(measurement)에 대한 설명과 가장 거리가 먼 것은?

① 변수에 대한 조작적 정의에 입각해 이뤄진다.

② 하나의 변수에 대한 관찰값은 동시에 두 가지 속성을 지닐 수 없다.

③ 이론과 현실을 연결시켜주는 매개체이다.

④ 경험적으로 관찰 가능한 것을 추상적 개념으로 바꾸어 놓는 과정이다.

53 다음은 어떤 표집방법에 관한 설명인가?

- 조사문제를 잘 알고 있으나 모집단의 의견을 효과적으로 반영할 수 있을 것으로 판단되는 특정집단을 표본으로 선정하여 조사하는 방법
- 예를 들어 휴대폰 로밍 서비스에 대한 전문지식을 가진 표본을 임의로 산정하는 경우

① 편의표집　　　　　　　　② 판단표집

③ 할당표집　　　　　　　　④ 층화표집

52 ④

측정은 사물의 속성을 추상적 개념이 아닌 구체화시키는 과정을 의미한다.

측정과 척도
㉠ **측정** : 사물을 구분하기 위해 사물의 속성을 구체화시키는 과정
㉡ **척도** : 사물의 속성을 구체화하기 위한 측정 단위

53 ②

조사 내용을 잘 알고 있거나 모집단의 의견을 잘 반영할 수 있을 것이라 판단되는 대상자 또는 집단을 표본으로 선택하는 방법으로 비확률표본추출방법 가운데 판단표집에 해당된다.

확률표본추출과 비확률표본추출의 종류
㉠ **확률표본추출 종류**
- **무작위표본추출** : 모집단 내에서 무작위로 추출하는 방법
- **계통추출** : 모집단으로부터 임의로 첫 번째 추출 단위를 추출하고 두 번째부터는 일정한 간격을 기준으로 표본을 추출하는 방법
- **층화표본추출** : 모집단을 일정 기준으로 층을 나눈 다음 각 층에서 표본을 추출하는 방법
- **군집표본추출** : 모집단의 대상을 직접 추출하지 않고 모집단을 여러 군집(cluster)으로 묶어 이 군집을 표본으로 추출하여 군집 내 대상자들을 조사하는 방법
㉡ **비확률표본추출 종류**
- **편의표본추출** : 임의로 선정한 지역과 시간대에 조사자가 원하는 대상자를 표본으로 선택하는 방법
- **판단표본추출** : 조사 내용을 잘 알고 있거나 모집단의 의견을 잘 반영할 수 있을 것이라 판단되는 대상자 또는 집단을 표본으로 선택하는 방법
- **할당표본추출** : 미리 정해진 기준에 의해 전체 집단을 소집단으로 구분하고 각 집단별 필요한 대상자를 추출하는 방법
- **눈덩이(=스노우볼)추출** : 이미 참가한 대상자들에게 그들이 알고 있는 사람들 가운데 추천을 받아 선정하는 방법

54 표본의 크기를 결정하는 데 고려해야 하는 요인과 가장 거리가 먼 것은?

① 신뢰도

② 조사대상 지역의 지리적 여건

③ 모집단위 동질성

④ 수집된 자료가 분석되는 범주의 수

55 다음 중 확률표집방법이 아닌 것은?

① 층화표집   ② 판단표집

③ 군집표집   ④ 체계적 표집

54 ②

대표성이 높은 표집을 선택하기 위해서는 표본의 크기가 커야 하며, 이러한 표본의 크기를 결정하는데 영향을 주는 요인으로는 신뢰도가 높을수록, 모집단위 동질성이 높을수록, 자료의 범주 수가 적을수록 표본 크기가 작아진다.

55 ②

표집방법의 종류
판단표집은 비확률표집방법에 해당된다.

 나노해설

확률표본추출과 비확률표본추출의 종류

㉠ **확률표본추출 종류**
- 무작위표본추출 : 모집단 내에서 무작위로 추출하는 방법
- 계통추출 : 모집단으로부터 임의로 첫 번째 추출 단위를 추출하고 두 번째부터는 일정한 간격을 기준으로 표본을 추출하는 방법
- 층화표본추출 : 모집단을 일정 기준으로 층을 나눈 다음 각 층에서 표본을 추출하는 방법
- 군집표본추출 : 모집단의 대상을 직접 추출하지 않고 모집단을 여러 군집(cluster)으로 묶어 이 군집을 표본으로 추출하여 군집 내 대상자들을 조사하는 방법

㉡ **비확률표본추출 종류**
- 편의표본추출 : 임의로 선정한 지역과 시간대에 조사자가 원하는 대상자를 표본으로 선택하는 방법
- 판단표본추출 : 조사 내용을 잘 알고 있거나 모집단의 의견을 잘 반영할 수 있을 것이라 판단되는 대상자 또는 집단을 표본으로 선택하는 방법
- 할당표본추출 : 미리 정해진 기준에 의해 전체 집단을 소집단으로 구분하고 각 집단별 필요한 대상자를 추출하는 방법
- 눈덩이(=스노우볼)추출 : 이미 참가한 대상자들에게 그들이 알고 있는 사람들 가운데 추천을 받아 선정하는 방법

56 표본크기와 표집오차에 관한 설명으로 옳은 것을 모두 고른 것은?

> ㉠ 자료수집 방법은 표본크기와 관련 있다.
> ㉡ 표본크기가 커질수록 모수와 통계치의 유사성이 커진다.
> ㉢ 표집오카가 커질수록 표본이 모집단을 대표하는 정확성이 낮아진다.
> ㉣ 동일한 표집오차를 가정한다면, 분석변수가 적어질수록 표본크기는 커져야 한다.

① ㉠, ㉡, ㉢

② ㉠, ㉡

③ ㉡, ㉣

④ ㉠, ㉡, ㉢, ㉣

57 연구자가 확률표본을 사용할 것인지, 비확률표본을 사용할 것인지를 결정할 때 고려요인이 아닌 것은?

① 연구목적

② 비용 대 가치

③ 모집단위 수

④ 허용되는 오차의 크기

56 ①

표본크기가 커지면 표집오차는 줄어들고, 표집오차가 줄어들면 모수 통계치와 유사성이 커진다. 동일한 표집오차일 경우, 분석변수가 많아질수록 표본크기가 커져야 한다.

57 ③

확률표본과 비확률표본을 선택하는 기준으로는 연구목적, 비용, 허용오차 크기에 따라 정할 수 있으나 모집단위 수는 관련이 없다.

 나노해설

확률표본과 비확률표본

ㄱ **확률표본**
- 연구 대상의 표본 추출 확률을 알고 있을 때
- 모수 추정에 대한 편의가 없음
- 표본오차 측정 가능
- 시간과 비용이 많이 소모
- 일반화 가능

ㄴ **비확률표본**
- 연구 대상의 표본 추출 확률을 알지 못할 때
- 모수 추정에 대한 편의가 있음
- 표본오차 측정 불가능
- 시간과 비용이 적게 소모
- 일반화 어려움

58 통계적인 유의성을 평가하는 것으로, 속성을 측정해줄 것으로 알려진 기준과 측정도구의 측정 결과인 점수 간의 관계를 비교하는 타당도는?

① 표면타당도(face validity)

② 기준 관련 타당도(criterion-related validity)

③ 구성체타당도(construct validity)

④ 내용타당도(content validity)

58 ②

기준 관련 타당도는 다른 변수와의 관계에 기초하는 것으로 통계적인 유의성을 평가하는 것이다. 이는 어떤 측정도구와 측정결과인 점수간의 관계를 비교하여 타당도를 파악하는 방법이다.

 나노해설

타당도의 종류

㉠ **표면타당도** : 검사 문항들이 해당 검사에 의해 측정하고자 하는 내용을 얼마나 충실하게 측정하고 있는지를 포함

㉡ **내용타당도**
- 전문가의 주관적인 판단(전문지식)에 의해 측정하고자 하는 내용과 측정도구 내용이 타당하는지를 판단하는 것
- 예 음주 단속을 실시할 때 차량 청결상태를 측정하는 것은 내용타당도를 부분에서 잘못됨.

㉢ **기준 관련 타당도**
- 동시적 타당도
- 현재 존재하고 있는 신뢰할 만한 타당성이 입증된 측정도구 사용(현재 시점 중요)
- 예 현재 존재하는 검사 키트를 새로운 검사 키트로 검사해도 결과가 같은 경우
- 예측타당도
- 현재 측정된 결과가 미래에 측정될 결과와 일치하는지 여부(미래 시점 예측)
- 예 초등학교 IQ 검사 결과와 수능 점수와의 관계

㉣ **구성(개념)타당도**
- 이해타당도
- 이론을 통해 만들어진 측정 항목 개념끼리의 관계가 실제 조사를 진행했을 시 체계적으로 나타나는지 분석
- 특정 개념과 실제 조사 결과와 부합하는 경우
- 판별 타당도
- 상이한 개념이라면 같은 방법으로 측정하였을 경우, 결과값의 상관관계가 낮게 나오는 것
- 예 혈액 검사로 자동차 배기 가스 측정을 한다면 둘 사이의 상관성이 낮다
- 수렴(집중)타당도
- 동일한 개념을 서로 다른 방법으로 측정하더라도 결과값은 상관관계가 높게 나오는 것
- 예 술취함에 대한 정도를 호흡측정과 혈액측정이라는 다른 방법을 사용하여 측정하더라도 술취함과 높은 상관성을 가지는 것

59 중앙값, 순위상관관계, 비모수통계검증 등의 통계방법에 주로 활용되는 척도유형은?

① 명목측정　　　　　　　　② 서열측정

③ 등간측정　　　　　　　　④ 비율측정

60 교육수준은 소득수준에 영향을 미치지 않지만, 연령을 통제하면 두 변수 사이의 상관관계가 매우 유의미하게 나타난다. 이때 연령과 같은 검정요인을 무엇이라 부르는가?

① 억제변수(suppressor validity)

② 왜곡변수(distorter validity)

③ 구성변수(component validity)

④ 외재적 변수(extraneous validity)

59 ②

중앙값, 순위상관, 비모수는 모두 순위, 서열을 가지고 비교하는 통계분석 방법이므로 서열측정에 해당된다.

척도의 유형

㉠ **명목측정** : 성별(남자=1, 여자=2)처럼 이름이나 명칭 대신에 숫자를 부여한 것으로 숫자에 특별한 정보를 담고 있지는 않음

㉡ **서열측정** : 성적(A, B, C)과 같이 명목측정의 성격을 가지고 있으며, 추가적으로 대상의 순위나 서열을 나타냄

㉢ **등간측정** : 온도와 같이 간격의 정보가 포함되어 있으며, 부등호 관계 및 사칙연산이 가능하다.

㉣ **비율측정** : 절대 0의 값을 가지며, 사칙연산이 가능하다.

㉤ 등간측정과 비율측정의 차이는 절대 0의 개념이며, 예를 들어, 온도의 경우, 0℃는 "없다(=절대 0)"의 개념이 아닌, 간격 중 하나에 해당되나 음식 섭취량에서 0kcal는 "없다(=절대 0)"의 개념임

60 ①

억제변수는 독립, 종속변수 사이에 실제로는 인과관계가 있으나 이를 없도록 나타나게 하는 제3변수이며, 해당 문항으로는 연령이 교육수준과 소득수준의 상관성을 없애는 억제변수에 해당되며, 연령을 통제하면 교육수준과 소득수준의 상관관계가 유의하게 나타나게 된다.

변수의 종류

㉠ **억제변수** : 독립, 종속변수 사이에 실제로는 인과관계가 있으나 없도록 나타나게 하는 제3변수

㉡ **왜곡변수** : 독립, 종속변수 간의 관계를 정반대로의 관계로 나타나게 하는 제3변수

㉢ **구성변수** : 포괄적 개념을 구성하는 하위변수

㉣ **외재적 변수**(=외생변수) : 독립변수 외에 종속변수에 영향을 주는 변수

㉤ **매개변수** : 독립변수와 종속변수 사이에서 독립변수의 결과인 동시에 종속변수의 원인이 되는 변수

㉥ **조절변수** : 독립변수가 종속변수에 미치는 영향을 강화해 주거나 약화해 주는 변수를 의미한다.

㉦ **통계변수** : 외재적 변수의 일종으로 그 영향을 검토하지 않고 영향을 모두 통제하고 나머지 변수들을 보고자 하는 변수

61 다음 중 크기가 5인 모집단 3, 4, 5, 2, 1에서 크기 3인 임의표본을 복원추출할 때 숫자의 표본평균 $\overline{X}$의 평균과 분산은 얼마인가?

① $E(\overline{X}) = 2$, $V(\overline{X}) = \dfrac{1}{3}$

② $E(\overline{X}) = 3$, $V(\overline{X}) = \dfrac{1}{3}$

③ $E(\overline{X}) = 2$, $V(\overline{X}) = \dfrac{2}{3}$

④ $E(\overline{X}) = 3$, $V(\overline{X}) = \dfrac{2}{3}$

62 다음은 두 모집단 $N(\mu_1, \sigma^2)$, $N(\mu_2, \sigma^2)$으로부터 서로 독립된 표본을 추출하여 얻은 결과이다.

$$n_1 = 11, \ \overline{x_1} = 23, \ S_1^2 = 10$$
$$n_1 = 16, \ \overline{x_2} = 25, \ S_2^2 = 15$$

공통분산 S_p^2의 값은?

① 11   ② 12

③ 13   ④ 14

61 ④

모집단의 평균을 μ, 분산을 σ^2이라 하면

$\mu = \dfrac{1}{5}(3+4+5+2+1)$

　　$= 3$

$\sigma^2 = \dfrac{1}{5}(3^2+4^2+5^2+2^2+1^2) - 3^2$

　　$= 11 - 9$

　　$= 2$

따라서 $E(\overline{X}) = \mu = 3$이고, $V(\overline{X}) = \dfrac{\sigma^2}{n} = \dfrac{2}{3}$

평균과 분산

㉠ 평균

$$\overline{x} = \frac{1}{n}(x_1 + x_2 + \cdots + x_n) = \frac{1}{n}\sum_{i=1}^{n} x_i \,(i=1,\,2,\,\cdots,\,n)$$

㉡ 분산(Variance)

$$모분산 \ \sigma^2 = \frac{1}{N}\sum_{i=1}^{N}(x_i - \mu)^2 = \frac{1}{N}\sum_{i=1}^{N} x_i^2 - \mu^2$$

$$표본분산 \ s^2 = \frac{1}{n-1}\sum_{i=1}^{N}(x_i - \overline{x})^2 = \frac{1}{n-1}\left(\sum_{i=1}^{N} x_i^2 - n\overline{x}^2\right)$$

62 ③

공통분산 $S_p^2 = \dfrac{(n_1 - 1)S_1^2 + (n_2 - 1)S_2^2}{n_1 + n_2 - 2}$

　　　　$= \dfrac{(11-1)\times 10 + (16-1)\times 15}{11 + 16 - 2}$

　　　　$= \dfrac{100 + 225}{25} = 13$

63 다음 표는 완전 확률화 계획법의 분산분석표에서 자유도의 값을 나타내고 있다. 반복수가 일정하다고 한다면 처리수와 반복수는 얼마인가?

변민	자유도
처리	( )
오차	42
전체	47

① 처리수 5, 반복수 7
② 처리수 5, 반복수 8
③ 처리수 6, 반복수 7
④ 처리수 6, 반복수 8

63 ④

처리의 자유도는 47－42이므로 5이다. 자유도가 5이므로 실제 처리의 집단은 6개이다. 전체의 자유도는 총 응답자 처리수－1 이므로 총 응답자는 48명이다. 그러므로 총 응답자를 동일한 숫자로 6개 그룹으로 나누면 8개의 반복수가 된다.

 나노해설

변인	자유도
처리	$k-1$
오차	$N-k$
전체	$N-1$

N은 전체 개수, k는 처리집단 수를 의미한다.

64 분산과 표준편차에 관한 설명으로 틀린 것은?

① 분산이 크다는 것은 각 측정치가 평균으로부터 멀리 떨어져 있다는 것을 의미한다.

② 분산도를 구하기 위해 분산과 표준편차는 각각의 편차를 제곱하는 방법을 사용한다.

③ 분산은 관찰값에서 관찰값들의 평균값을 뺀 값의 제곱의 합계를 관찰 계수로 나눈 값이다.

④ 표준편차는 분산의 값을 제곱한 것과 같다.

64 ④

분산은 표준편차의 제곱과 같다.

 나노해설

분산과 표준편차

㉠ **분산**(Variance)

- 가장 널리 사용되는 자료의 흩어진 정도에 대한 척도로 편차의 제곱을 자료의 수로 나눈 것
- 자료가 평균 주위로 집중되어 있는지 정도를 측정하는 것으로 자료들의 변동이 미미하고 평균에 가깝게 분포되어 있다면 분산도 작음
- 장점 : 수치 자료에 대해 계산에 이용되며, 수학적 계산이 용이함
- 단점 : 극단값에 영향을 많이 받음
- 모분산(population variance) : 모집단의 분산
- 표본분산(sample variance) : 표본의 분산

$$모분산\ \ \sigma^2 = \frac{1}{N}\sum_{i=1}^{N}(x_i - \mu)^2 = \frac{1}{N}\sum_{i=1}^{N}x_i^2 - \mu^2$$

$$표본분산\ \ s^2 = \frac{1}{n-1}\sum_{i=1}^{N}(x_i - \overline{x})^2 = \frac{1}{n-1}\left(\sum_{i=1}^{N}x_i^2 - n\overline{x}^2\right)$$

㉡ **표준편차**

- 분산과 같이 각 측정값이 평균으로부터 벗어난 정도를 의미하며, 분산의 양의 제곱근임
- 분산의 성질과 동일함
- 모표준편차(population standard deviation) : 모집단의 표준편차
- 표본표준편차(sample standard deviation) : 표본의 표준편차

$$모표준편차\ \ \sigma = \sqrt{\frac{1}{N}\sum_{i=1}^{N}(x_i - \mu)^2}$$

$$표본표준편차\ \ s = \sqrt{\frac{1}{n-1}\sum_{i=1}^{N}(x_i - \overline{x})^2}$$

65 단순회귀모형 $y_1 = \beta_0 + \beta_0 x_i + \epsilon_i (i=1, 2, \cdots, n)$에서 최소제곱법에 의한 추정회귀직선 $\hat{y} = b_0 + b_1 x$의 설명력을 나타내는 결정계수 r^2에 대한 설명으로 틀린 것은?

① 결정계수 r^2은 총변동 $SST = \sum_i^n = 1(y_i - \overline{y})^2$ 중 추정회귀직선에 의해 설명되는 변동 $SST = \sum_i^n = 1(\hat{y_i} - \overline{y})^2$의 비율, 즉 SSR/SST로 정의된다.

② x와 y 사이에 회귀관계가 전혀 존재하지 않아 추정회귀직선의 기울기 b_1이 0인 경우에는 결정계수 r^2은 0이 된다.

③ 단순회귀의 경우 결정계수 r^2은 x와 y의 상관계수 r_{xy}와는 직접적인 관계가 없다.

④ x와 y의 상관계수 r_{xy}는 추정회귀계수 b_1이 음수이면 결정계수의 음의 제곱근 $-\sqrt{r^2}$ 과 같다.

65 ③

① 결정계수(r^2) = 설명되는 변동/총변동 = SSR/SST

② 회귀관계가 존재하지 않을 경우, 기울기가 0이 되고, x와 y의 상관성도 없기 때문에 0이 된다. 따라서 결정계수 r^2도 0이 된다.

③ 두 변수의 상관계수 r의 제곱이 결정계수 r^2이 된다.

④ 회귀계수가 음수이면 x와 y는 음의 상관계수를 가진다.

 나노해설

분산분석표

변동의 원인	변동	자유도	평균변동	F
회귀	SSR	1	$MSR = SSR/1$	MSR/MSE
잔차	SSE	$n-2$	$MSE = SSE/(n-2)$	
총변동	SST	$n-1$		

- 총변동(SST)=$\displaystyle\sum_{i=1}^{n}(Y_i - \overline{Y})^2$

- 설명되는 변동(SSR)=$\displaystyle\sum_{i=1}^{n}(\widehat{Y_i} - \overline{Y})^2$

- 설명되지 않는 변동(SSE)=$\displaystyle\sum_{i=1}^{n}(Y_i - \widehat{Y_i})^2$

- 결정계수(R^2)=$\dfrac{SSR}{SST} = 1 - \dfrac{SSE}{SST}$

66 회귀분석에 관한 설명으로 틀린 것은?

① 회귀분석은 자료를 통하여 독립변수와 종속변수 간의 함수관계를 통계적으로 규명하는 분석방법이다.

② 회귀분석은 종속변수의 값 변화에 영향을 미치는 중요한 독립변수들이 무엇인지 알 수 있다.

③ 단순회귀선형모형의 오차(ϵ_i)에 대한 가정에서 $\epsilon_i \sim N(0, \sigma^2)$이며, 오차는 서로 독립이다.

④ 최소제곱법은 회귀모형의 절편과 기울기를 구하는 방법으로 잔차의 합을 최소화시킨다.

66 ④

④ 최소제곱법은 잔차의 제곱합을 최소화시킨 것이다.

 나노해설

회귀분석(Regression Analysis)의 의의

• 독립변수와 종속변수 간의 관계분석을 통해 알고 있는 변수로부터 알지 못하는 변수를 예측할 수 있도록 변수들간의 관계식(=회귀식)을 찾아내는 분석 방법

• 인과관계 : Y(종속변수) ← X(독립변수)

• 오차의 개념

$-\epsilon_{ij} \sim N(0, \sigma^2)$

－오차항의 독립성 : 오차항 ϵ_{ij}는 서로 독립이며 평균은 0이다.

－오차항의 등분산성 : 오차항 ϵ_{ij}는 분산이 일정하다.

－오차항의 정규성 : 오차항 ϵ_{ij}는 정규분포를 따른다.

• 회귀계수 추정

－최소제곱법(least square estimation)

－잔차의 제곱합을 최소로 하는 직선으로 거리의 합이 가장 작은 직선을 의미

－잔차들의 제곱의 합이 최소가 되는 β_0, β_1을 추정하는 것

67 다음 분산분석표에 관한 설명으로 틀린 것은?

변동	제곱합(SS)	자유도(df)	F
급간(between)	10.95	1	
급내(within)	73	10	
합계(total)			

① F 통계량의 값은 0.15이다.

② 두 개의 집단의 평균을 비교하는 경우이다.

③ 관찰치의 총 개수는 12개이다.

④ F 통계량이 임계값보다 작으면 각 집단의 평균이 같다는 귀무가설을 기각하지 않는다.

68 중회귀분석에서 회귀계수에 대한 검정결과가 아래와 같을 때의 설명으로 틀린 것은? (단, 결정계수는 0.891이다.)

요인 (Predictor)	회귀계수 (Coet)	표준오차 (StDev)	통계량 (T)	P값 (P)
절편	−275.26	24.38	−11.29	0.000
Head	4.458	3.167	1.41	0.161
Neck	19.112	1.200	15.92	0.000

① 설명변수는 Head와 Neck이다.

② 회귀변수 중 통계적 유의성이 없는 변수는 절편과 Neck이다.

③ 위 중회귀모형은 자료 전체의 산포 중에서 약 89.1%를 설명하고 있다.

④ 회귀방정식에서 다른 요인을 고정시키고 Neck이 한 단위 증가하면 반응값은 19.112가 증가한다.

67 ①

① F통계량 값은 1.5이다.

변동	제곱합	자유도	평균제곱	F
급간	10.95	1	10.95	1.5(=10.95/7.3)
급내	73	10	7.3	
합계		11		

② 급간의 자유도는 집단수-1=1, 집단수는 2개
③ 급내의 자유도는 총 개수-집단수=10, 총 개수는 12개
④ • 귀무가설 : 각 집단의 평균이 같다.
  • 대립가설 : 각 집단의 평균이 같지 않다.
  • F 통계량이 임계값보다 작으면 귀무가설을 기각하지 못한다.

 나노해설

변동의 원인	제곱합	자유도	평균제곱	F값
집단 간	SSB	$K-1$	$S_1^2 = \dfrac{SS_b}{K-1}$	$\dfrac{S_1^2}{S_2^2}$
집단 내	SSW	$N-K$	$S_2^2 = \dfrac{SS_w}{N-K}$	
합계	SST			

N은 전체 개수, K는 처리집단 수를 의미한다.

68 ②

① 설명변수=원인변수=독립변수 : Head, Neck
② 회귀변수(Head, Neck) 중 Head 변수가 유의수준 0.05보다 크기 때문에 통계적 유의성이 없다고 볼 수 있다.
③ 결정계수가 0.891이므로 자료 전체의 산포 중 89.1%를 설명할 수 있다.
④ 다른 요인의 효과가 고정되고, Neck이 1 증가하면 반응값은 19.112만큼 증가한다.

 나노해설

기본 회귀모형식
㉠ $Y_i = \beta_0 + \beta_1 X_{1i} + \beta_2 X_{2i} + \epsilon_i$
㉡ Y_i=종속변수(동의어 : 반응변수, 결과변수)
㉢ X_{1i}, X_{2i}=독립변수(동의어 : 설명변수, 원인변수)
㉣ β_0 : 절편(=상수항)
㉤ β_1, β_2 : 기울기 → 추정해야 될 모수

69 어떤 공장에서 생산하고 있는 진공관은 10%가 불량품이라고 한다. 이 공장에서 생산되는 진공관 중에서 임의로 100개를 취할 때, 표본불량률의 분포는 근사적으로 어느 것을 따르는가? (단, N은 정규분포를 의미한다.)

① $N(0.1, \ 9 \times 10^{-4})$

② $N(10, \ 9)$

③ $N(10, \ 3)$

④ $N(0.1, \ 3 \times 10^{-4})$

70 통계적 가설검정을 위한 검정통계값에 대한 유의확률(p-value)이 주어졌을 때, 귀무가설을 유의수준 α로 기각할 수 있는 경우는?

① p-value $= \alpha$

② p-value $< \alpha$

③ p-value $\geq \alpha$

④ p-value $> 2\alpha$

69 ①

$Pn \sim N(p, pq/n) = N(0.1, 0.09/100) = N(0.1, 0.0009)$

* $p = 0.1$, $q = 1 - p = 1 - 0.1 = 0.9$

* $pq = 0.1 \times 0.9 = 0.09$

비율의 표본분포

X는 이항분포 $B(n, p)$를 따른다고 가정하면

$E(X) = np$, $V(X) = npq$, $q = 1 - p$

$\hat{p} = \dfrac{x}{n}$

$E(\hat{p}) = E(\dfrac{x}{n}) = \dfrac{E(x)}{n} = \dfrac{np}{n} = p$

$V(\hat{p}) = V(\dfrac{x}{n}) = \dfrac{V(x)}{n^2} = \dfrac{npq}{n^2} = \dfrac{pq}{n}$

모비율이 p이고, 표본 n이 충분히 크다면, 표본비율 p는 근사적으로 정규분포 $N(p, p(1-p)/n)$를 따른다.

70 ②

유의확률(p-value)이 유의수준(α)보다 작을 경우, 귀무가설을 기각할 수 있다.

유의확률($p - value$)

㉠ 개념 : 표본을 토대로 계산한 검정통계량. 귀무가설 H_0가 사실이라는 가정하에 검정통계량보다 더 극단적인 값이 나올 확률

㉡ P값을 이용한 가설검정

• P값 $< \alpha$ 이면 귀무가설 H_0를 기각, 대립가설 H_1을 채택

• P값 $\geq \alpha$ 이면 귀무가설 H_0를 기각하지 못한다.

71 동전을 던질 때 앞면이 나올 확률을 0.4라고 할 때 동전을 세 번 던져서 두 번은 앞면이, 한 번은 뒷면이 나올 확률은?

① 0.125

② 0.192

③ 0.288

④ 0.375

72 추정량이 가져야 할 바람직한 성질이 아닌 것은?

① 편의성(biasedness)

② 효율성(efficiency)

③ 일치성(consistency)

④ 충분성(sufficiency)

71 ③

앞면이 나올 확률$(p)=0.4$

$P(X=2) = {}_3C_2 \times 0.4^2 \times (1-0.4)^{3-2} = 3 \times 0.16 \times 0.6 = 0.288$

나노해설

이항분포의 확률함수

$$P(X=x) = {}_nC_x \cdot p^x \cdot q^{n-x}$$

- ${}_nC_x = \dfrac{n!}{(n-x)!\,x!}$
- $q = 1-p$

72 ①

추정량의 결정기준으로는 일치성, 불편성, 효율성, 충분성을 들 수 있다. 즉, biasedness가 아니라 unbiasedness(=비편향성, 불편성)이여야 한다.

나노해설

추정량의 결정기준

㉠ **일치성** : 일치성은 자료의 수가 증가함에 따라 추정량이 모수로부터 벗어날 확률이 점차적으로 작아져 추정대상이 되는 모수와 일치하는 경우를 의미한다.

㉡ **불편성** : 비편향성, 편의가 없다는 것으로 추정량의 기댓값과 모수 간에 차이가 없다. 즉 추정량의 평균이 추정하려는 모수와 같음을 나타낸다.

㉢ **효율성** : 추정량의 분산과 관련된 개념으로 불편추정량 중에서 표본분포의 분산이 더 작은 추정량이 효율적이라는 성질을 말한다.

㉣ **충분성** : 추출한 추정량이 얼마나 모수에 대한 정보를 충족시키는지에 대한 개념으로 추정량이 모수에 대하여 가장 많은 정보를 제공하는 것을 말한다.

73 화장터 건립의 후보지로 거론되는 세 지역의 여론을 비교하기 위해 각 지역에서 500명, 450명, 400명을 임의출하여 건립에 대한 찬성여부를 조사하고 분할표를 작성하여 계산한 결과 검정통계량의 값이 7.55이었다. 유의수준 5%에서 임계값과 검정 결과가 알맞게 짝지어진 것은?

(단, $X_{0.025}^2(2) = 7.38$, $X_{0.05}^2(2) = 5.99$, $X_{0.025}^2(3) = 9.35$, $X_{0.05}^2(3) = 7.81$이다.)

① 7.38, 지역에 따라 건립에 대한 찬성률에 차이가 있다.

② 5.99, 지역에 따라 건립에 대한 찬성률에 차이가 있다.

③ 9.35, 지역에 따라 건립에 대한 찬성률에 차이가 없다.

④ 7.81, 지역에 따라 건립에 대한 찬성률에 차이가 없다.

74 $N(\mu, \sigma^2)$인 모집단에서 표본을 임의추출할 때 표본평균이 모평균으로부터 0.5σ 이상 떨어져 있을 확률이 0.31740이다. 표본의 크기를 4배로 할 때, 표본평균이 모평균으로부터 0.5σ 이상 떨어져 있을 확률은? (단, Z가 표준정규분포를 따르는 확률변수일 때, 확률 $P(Z > X)$은 다음과 같다.)

Z	$P(Z > X)$
0.5	0.3085
1.0	0.1587
1.5	0.0668
2.0	0.0228

① 0.0456

② 0.1336

③ 0.6170

④ 0.6348

73 ②
- 귀무가설 : 지역에 따라 건립에 대한 찬성률은 같다.
- 대립가설 : 지역에 따라 건립에 대한 찬성률은 다르다.
- 임계값은 유의수준 5%에서 자유도가(찬성여부 범주수-1)$\times$(지역 범주 수-1)$=(2-1)\times(3-1)=2$인 $X_{0.05}^2(2)=5.99$이며, 검정통계량(7.55)이 임계값보다 크므로 귀무가설은 기각되고, 지역에 따라 건립에 대한 찬성률 차이는 있다고 볼 수 있다.

$r \times c$ **교차분석**
- 2×2 분할표의 변형된 형태로 각 변수의 범주가 둘 이상으로 확장되었을 때 작성된다.
- $r \times c$ 분할표 검정에는 x^2 분포가 적용된다.
- 자유도는 (행의 수-1)(열의 수-1), 즉 $(r-1)(c-1)$로 표시한다.

74 ①

$$P\left(\frac{X-\mu}{\sigma/\sqrt{n}} < Z < \frac{X+\mu}{\sigma/\sqrt{n}}\right) = 0.3174$$

$$2 \times P\left(Z > \frac{X+\mu}{\sigma/\sqrt{n}}\right) = 0.3174$$

$$P\left(Z > \frac{X+\mu}{\sigma/\sqrt{n}}\right) = 0.3174/2 = 0.1587 = P(Z > 1.0)$$

표본의 크기 n이 4배로 증가하면,

$$P\left(\frac{X-\mu}{\sigma/\sqrt{4n}} < Z < \frac{X+\mu}{\sigma/\sqrt{4n}}\right)$$

$$= P\left(2 \times \frac{X-\mu}{\sigma/\sqrt{n}} < Z < 2 \times \frac{X+\mu}{\sigma/\sqrt{n}}\right)$$

$$= 2 \times P\left(Z > 2 \times \frac{X+\mu}{\sigma/\sqrt{n}}\right) = 2 \times P(Z > 2.0)$$

$$= 2 \times 0.0228 = 0.0456$$

75 행의 수가 2, 열의 수가 3인 이원교차표에 근거한 카이제곱 검정을 하려고 한다. 검정통계량의 자유도는 얼마인가?

① 1   ② 2

③ 3   ④ 4

76 다음 중 제1종 오류가 발생하는 경우는?

① 참이 아닌 귀무가설(H_0)을 기각하지 않을 경우

② 참인 귀무가설(H_0)을 기각하지 않을 경우

③ 참이 아닌 귀무가설(H_0)을 기각할 경우

④ 참인 귀무가설(H_0)을 기각할 경우

75 ②

자유도는 $(2-1) \times (3-1) = 1 \times 2 = 2$이다.

$r \times c$ 교차분석

- 2×2 분할표의 변형된 형태로 각 변수의 범주가 둘 이상으로 확장되었을 때 작성된다.
- $r \times c$ 분할표 검정에는 x^2 분포가 적용된다.
- 자유도는 (행의 수-1)(열의 수-1), 즉 $(r-1)(c-1)$로 표시한다.

76 ④

제1종 오류는 귀무가설이 참임에도 불구하고 귀무가설을 기각할 경우에 발생하는 오류를 의미한다. ①은 제2종 오류에 해당된다.

제1종 오류와 제2종 오류

㉠ 제1종 오류(type Ⅰ error) : 귀무가설(H_0)이 참임에도 불구하고, 이를 기각하였을 때 생기는 오류(α)

㉡ 제2종 오류(type Ⅱ error)
- 개념 : 대립가설(H_1)이 참임에도 불구하고, 귀무가설을 기각하지 못하는 오류(β)
- 특징 : 제1종 오류와 제2종 오류는 반비례 관계. 즉, 제1종 오류의 가능성을 줄일 경우 제2종 오류의 가능성이 커진다. 일반적으로 최적의 검정은 제1종 오류를 범할 확률을 특정 수준으로 고정하고(일반적으로는 0.05), 제2종 오류를 범할 확률을 가장 최소화하는 검정을 구하는 것을 의미한다.

77 다음 중 이항분포에 관한 설명으로 틀린 것은?

① $p = \dfrac{1}{2}$ 이면 좌우대칭의 형태가 된다.

② $p = \dfrac{3}{4}$ 이면 왜도가 음수(−)인 분포이다.

③ $p = \dfrac{1}{4}$ 이면 왜도가 0이 아니다.

④ $p = \dfrac{1}{2}$ 이면 왜도는 양수(+)인 분포이다.

77 ④

$p = 0.5$일 경우, 좌우대칭 형태(왜도=0)가 된다.

• 오른쪽 꼬리 분포 : 왜도＝양수(+)
• 왼쪽 꼬리 분포 : 왜도＝음수(−)

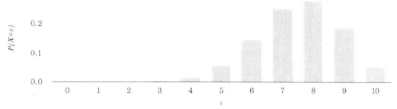

$n = 10$, $p = 0.75$인 이항분포 ⇒ 왼쪽 꼬리분포(왜도 : 음수)

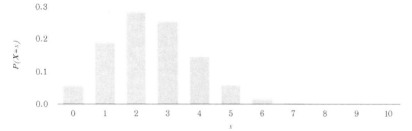

$n = 10$, $p = 0.25$인 이항분포 ⇒ 오른쪽 꼬리분포(왜도 : 양수)

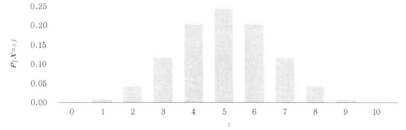

$n = 10$, $p = 0.50$인 이항분포 ⇒ 대칭분포(왜도 : 0)

78 X는 정규분포를 따르는 확률변수이다. $P(X<10)<0.5$일 때, X의 기댓값은?

① 8

② 8.5

③ 9.5

④ 10

79 독립변수가 k개인 중회귀모형 $y=X\beta+\epsilon$에서 회귀계수벡터 β의 추정량 b의 분산-공분산 행렬 $Var(b)$은? (단, $Var(\varepsilon)=\sigma^2 I$)

① $Var(b)=(X^{'}X)^{-1}\sigma^2$

② $Var(b)=X^{'}X\sigma^2$

③ $Var(b)=k(X^{'}X)^{-1}\sigma^2$

④ $Var(b)=k(X^{'}X)\sigma^2$

78 ④

$$P(X < 10) = P\left(\frac{X-\mu}{\sigma} < \frac{10-\mu}{\sigma}\right) = P\left(Z < \frac{10-\mu}{\sigma}\right) = 0.5$$

이므로 표준정규분포에서 확률값이 0.5인 경우는 $\frac{10-\mu}{\sigma} = 0$인 경우로 $\mu = 10$이다. 그러므로 X의 기

댓값은 10이다.

나노해설

㉠ **표준정규분포** : 표준정규분포는 정규분포가 표준화 과정을 거쳐 확률변수 Z가 기댓값이 0, 분산은 1
 인 정규분포를 따르는 것을 말하며 확률변수 X가 $N(\mu, \sigma^2)$이라면 X의 μ와 σ의 값과 관계없이
 Z는 $N(0, 1)$의 분포를 갖게 되며 이를 $Z \sim N(0, 1)$라 나타낸다.

㉡ **표준화**

$$Z값 = \frac{확률변수값 - 평균}{표준편차} = \frac{X-\mu}{\sigma}$$

　◦ 표기시 $X \sim N(\mu, \sigma^2)$이고 $Z \sim N(0, 1)$이다.

79 ①

b의 분산 – 공분산 행렬은 $Var(b) = (X^{'}X)^{-1}\sigma^2$이다.

80 명중률이 75%인 사수가 있다. 1개의 주사위를 던져서 1 또는 2의 눈이 나오면 2번 쏘고, 그 이외의 눈이 나오면 3번 쏘기로 한다. 1개의 주사위를 한 번 던져서 이에 따라 목표물을 쏠 때, 오직 한 번만 명중할 확률은?

① 3/32

② 5/32

③ 7/32

④ 9/32

81 어떤 처리 전후의 효과를 분석하기 위한 대응비교에서 자료의 구조가 다음과 같다.

쌍	처리 건	처리 후	차이
1	X_1	Y_1	$D_1 = X_1 - Y_1$
2	X_2	Y_2	$D_2 = X_2 - Y_2$
⋮	⋮	⋮	⋮
n	X_n	Y_n	$D_n = X_n - Y_n$

일반적인 몇 가지 조언을 가정할 때 처리 이전과 이후의 평균에 차이가 없다는 귀무가설을 검정하기 위한 검정통계량 $T = \dfrac{\overline{D}}{S_D/\sqrt{n}}$ 은 t분포를 따른다. 이때 자유도는? (단, $\overline{D} = \dfrac{1}{n}\sum_{i=1}^{n} D_1$, $S_D{}^2 = \dfrac{\sum_{i=1}^{n}(D_1 - \overline{D})^2}{n-1}$ 이다.)

① $n-1$

② n

③ $2(n-1)$

④ $2n$

80 ③

*주사위 1 또는 2가 나올 확률 * 2번 쏴서 1번 명중

$$\frac{2}{6} \times {}_2C_1 \left(\frac{3}{4}\right)^1 \left(\frac{1}{4}\right)^1 = \frac{2}{6} \times \frac{2}{1} \times \frac{3}{4} \times \frac{1}{4} = \frac{4}{32}$$

*주사위 3 이상 나올 확률 * 3번 쏴서 1번 명중

$$\frac{4}{6} \times {}_3C_1 \left(\frac{3}{4}\right)^1 \left(\frac{1}{4}\right)^2 = \frac{4}{6} \times \frac{3}{1} \times \frac{3}{4} \times \frac{1}{16} = \frac{3}{32}$$

따라서 $\frac{4}{32} + \frac{3}{32} = \frac{7}{32}$ 이다.

81 ①

대응모집단의 평균차의 가설검증의 자유도는 $n-1$ 이다.

🧬 나노해설

대응검정

비교하고자 하는 두 그룹이 서로 짝을 이루고 있어 독립집단이라는 가정을 만족하지 못할 경우의 평균 차이를 비교하려는 목적이다.

82 다음 중 분산분석표에 나타나지 않는 것은?

① 제곱합 ② 자유도

③ F-값 ④ 표준편차

83 정규분포를 따르는 모집단의 모평균에 대한 가설 $H_0 : \mu = 50$ VS $H_1 : \mu < 50$을 검정하고자 한다. 크기 $n = 100$의 임의표본을 취하여 표본평균을 구한 결과 $\overline{x} = 49.02$를 얻었다. 모집단의 표준편차가 5라면 유의확률은 얼마인가?

(단, $P(Z \leq -1.96) = 0.025$, $P(Z \leq -1.96)$이다.)

① 0.025 ② 0.05

③ 0.95 ④ 0.975

82 ④

분산분석표에는 제곱합, 자유도, 평균제곱합(=분산), F값이 있다.

 나노해설

분산분석표

변동의 원인	제곱합	자유도	평균제곱합	F값
집단간	SSB	$K-1$	$S_1^2 = \dfrac{SSB}{K-1}$	$\dfrac{S_1^2}{S_2^2}$
집단내	SSW	$N-K$	$S_2^2 = \dfrac{SSW}{N-K}$	
합계	SST			

83 ①

단측검정 $P\left(Z \leq \dfrac{X-\mu}{\sigma/\sqrt{n}}\right) = P\left(Z \leq \dfrac{49.02-50}{5/\sqrt{100}}\right)$

$$= P\left(Z \leq \dfrac{-0.98}{0.5}\right) = P(Z \leq -1.96) = 0.025$$

나노해설

㉠ 중심극한이론 : 평균이 μ이고 표준편차가 σ인 정규분포를 따르는 모집단으로부터 크기가 n인 표본을 취할 때, n의 값에 상관없이 표본평균의 표본분포는 $N(\mu,\ \sigma^2/n)$를 따른다.

㉡ 표준화

$$Z값 = \frac{확률변수값 - 평균}{표준편차} = \frac{Z-\mu}{\sigma}$$

◦ 표기시 $X \sim N(\mu,\ \sigma^2)$이고 $Z \sim N(0,\ 1)$이다.

84 평균이 μ, 분산이 σ^2인 모집단에서 크기 n의 임의표본을 반복추출하는 경우, n이 큰면 중심극한정리에 의하여 표본합의 분포는 정규분포를 수렴한다. 이때 정규분포의 형태는?

① $N\left(\mu, \dfrac{\sigma^2}{n}\right)$

② $N(\mu, n\sigma^2)$

③ $N(n\mu, n\sigma^2)$

④ $N\left(n\mu, \dfrac{\sigma^2}{n}\right)$

85 다음 표와 같은 분포를 갖는 확률변수 X에 대한 기댓값은?

X	1	2	4	6
$P(X=x)$	0.1	0.2	0.3	0.4

① 3.0

② 3.3

③ 4.1

④ 4.5

84 ①

중심극한정리는 평균이 μ이고 표준편차가 σ인 모집단으로부터 크기가 n인 표본을 취할 때, n이 큰 값이면 표본평균의 표본분포는 평균이 μ이고 표준편차는 $\dfrac{\sigma}{\sqrt{n}}$인 정규분포를 따르는 것을 의미한다.

85 ③

$$
\begin{aligned}
\text{확률변수 } X\text{의 기댓값} &= 1 \times 0.1 + 2 \times 0.2 + 4 \times 0.3 + 6 \times 0.4 \\
&= 0.1 + 0.4 + 1.2 + 2.4 \\
&= 4.1
\end{aligned}
$$

 나노해설

확률변수의 기댓값

X를 다음과 같은 확률분포를 가지는 확률변수라고 할 때, 다음과 같이 정의된다.

X	$X_1, \ X_2, \ \cdots, \ X_n$
$P(X=x)$	$f(x_1), \ f(x_2), \ \cdots, \ f(x_n)$

X의 기댓값 $M = E(X) = \displaystyle\sum_{i=1}^{n} x_i f(x_i)$

86 반복수가 동일한 일원배치법의 모형 $Y_{ij} = \mu + \alpha_0 + \epsilon_{ij},\ i = 1,\ 2,\ \cdots,\ k,\ j = 1,\ 2,\ \cdots,\ n$ 에서 오차항 ϵ_{ij}에 대한 가정이 아닌 것은?

① 오차항 ϵ_{ij}는 서로 독립이다.

② 오차항 ϵ_{ij}의 분산은 동일하다.

③ 오차항 ϵ_{ij}는 정규분포를 따른다.

④ 오차항 ϵ_{ij}는 자기상관을 갖는다.

87 어떤 자격시험의 성적은 평균 70, 표준편차 10인 정규분포를 따른다고 한다. 상위 5%까지를 1등급으로 분류한다면, 1등급이 되기 위해서는 최소한 몇 점을 받아야 하는가? (단, $P(Z \leq 1.645) = 0.95$, $Z \sim N(0,\ 1)$이다.)

① 86.45

② 89.60

③ 90.60

④ 95.0

86 ④

오차항은 독립성, 등분산성, 정규성을 따른다.

나노해설

오차의 개념

㉠ $\epsilon_{ij} \sim N(0, \sigma^2)$

㉡ **오차항의 독립성** : 오차항 ϵ_{ij}는 서로 독립이며 평균은 0이다.

㉢ **오차항의 등분산성** : 오차항 ϵ_{ij}는 분산이 일정하다.

㉣ **오차항의 정규성** : 오차항 ϵ_{ij}는 정규분포를 따른다.

87 ①

$$P(Z \leq 1.645) = P\left(\frac{X-\mu}{S} \leq 1.645\right)$$

$$= P\left(\frac{X-70}{10} \leq 1.645\right) = P(X \leq 1.645 \times 10 + 70)$$

$$= P(X \leq 86.45)$$

나노해설

$$표준화 = \frac{X-\mu}{S}$$

88 초기하분포와 이항분포에 대한 설명으로 틀린 것은?

① 초기하분포는 유한모집단으로부터의 복원추출을 전제로 한다.

② 이항분포는 베르누이 시행을 전제로 한다.

③ 초기하분포는 모집단의 크기가 충분히 큰 경우 이항분포로 근사될 수 있다.

④ 이항분포는 적절한 조건 하에서 정규분포로 근사될 수 있다.

89 어느 중학교 1학년의 신장을 조사한 결과, 평균이 136.5cm, 중앙값은 130.0cm, 표준편차가 2.0cm이었다. 학생들의 신장의 분포에 대한 설명으로 옳은 것은?

① 오른쪽으로 긴 꼬리를 갖는 비대칭분포이다.

② 왼쪽으로 긴 꼬리를 갖는 비대칭분포이다.

③ 좌우 대칭분포이다.

④ 대칭분포인지 비대칭분포인지 알 수 없다.

88 ①

① 초기하분포는 N개 중에 n번 추출을 때 원하는 것을 k개 뽑힐 확률의 분포이다. 이 때, 이항분포는 복원추출을, 초기하분포는 비복원추출을 전제로 하고 있다.

이항분포와 초기하분포의 개념

㉠ **이항분포**
- 베르누이 시행을 반복할 때 특정 사건이 나타날 확률을 p라 하고 확률변수 X를 n번 시행했을 때의 성공 횟수라고 할 경우 X의 확률분포는 시행 횟수 n과 성공률 p로 나타낸다.
- $p = 0.5$일 때 기댓값 np에 대하여 대칭이 된다.
- $np \geq 5$, $n(1-p) \geq 5$일 때 정규분포에 근사한다.
- $p \leq 0.1$, $n \geq 50$일 때 포아송 분포에 근사한다.

㉡ **초기하분포** : 결과가 두 가지로만 나타나는 반복적인 시행에서 발생횟수의 확률분포를 나타내는 것은 이항분포와 비슷하지만, 반복적인 시행이 독립이 아니라는 것과 발생확률이 일정하지 않다는 차이점이 있다.

89 ①

평균(136.5cm) > 중앙값(130.0cm)이므로 오른쪽 꼬리가 긴 분포이다.

분포
- **오른쪽 꼬리가 긴 분포** : 최빈값 < 중앙값 < 평균
- **왼쪽 꼬리가 긴 분포** : 평균 < 중앙값 < 최빈값

90 어느 정당에서는 새로운 정책에 대한 찬성과 반대를 남녀별로 조사하여 다음의 결과를 얻었다.

	남자	여자	합계
표본수	250	200	450
찬성자수	110	104	214

남녀별 찬성률에 차이가 있다고 볼 수 있는가에 대하여 검정할 때 검정통계량을 구하는 식은?

① $Z = \dfrac{\dfrac{110}{250} - \dfrac{104}{200}}{\sqrt{\dfrac{214}{450}\left(1 - \dfrac{214}{450}\right)\left(\dfrac{1}{250} - \dfrac{1}{200}\right)}}$

② $Z = \dfrac{\dfrac{110}{250} - \dfrac{104}{200}}{\sqrt{\dfrac{214}{450}\left(1 - \dfrac{214}{450}\right)\left(\dfrac{1}{250} + \dfrac{1}{200}\right)}}$

③ $Z = \dfrac{\dfrac{110}{250} + \dfrac{104}{200}}{\sqrt{\dfrac{214}{450}\left(1 - \dfrac{214}{450}\right)\left(\dfrac{1}{250} + \dfrac{1}{200}\right)}}$

④ $Z = \dfrac{\dfrac{110}{250} + \dfrac{104}{200}}{\sqrt{\dfrac{214}{450}\left(1 - \dfrac{214}{450}\right)\left(\dfrac{1}{250} - \dfrac{1}{200}\right)}}$

90 ②

남자 표본수 $n_1=250$, 여자 표본수 $n_2=200$,

남자 찬성자 수 $X_1=110$, 여자 찬성자 수 $X_2=104$

$$\hat{p_1}=\frac{X_1}{n_1}=\frac{110}{250} \ , \ \hat{p_2}=\frac{X_2}{n_2}=\frac{104}{200}$$

$$\hat{p}=\frac{X_1+X_2}{n_1+n_2}=\frac{110+104}{250+200}=\frac{214}{450}$$

$$Z=\frac{\hat{p_1}-\hat{p_2}}{\sqrt{\hat{p}(1-\hat{p})\left(\frac{1}{n_1}+\frac{1}{n_2}\right)}}=\frac{\frac{110}{250}-\frac{104}{200}}{\sqrt{\frac{214}{450}\left(1-\frac{214}{450}\right)\left(\frac{1}{250}+\frac{1}{200}\right)}}$$

 나노해설

두 모집단 비율의 가설검정

$$Z=\frac{(\hat{p_1}-\hat{p_2})-(p_1-p_2)}{\sqrt{pq\left(\frac{1}{n_1}+\frac{1}{n_2}\right)}} \ , \ p=\frac{n_1\hat{p_1}+n_2\hat{p_2}}{n_1+n_2}=\frac{X_1+X_2}{n_1+n_2}$$

91 통계학 과목을 수강한 학생 가운데 학생 10명을 추출하여, 그들이 강의에 결석한 시간(X)과 통계학점수(Y)를 조사하여 다음 표를 얻었다.

X	5	4	5	7	3	5	4	3	7	5
Y	9	4	5	11	5	8	9	7	7	6

단순 선형 회귀분석을 수행한 다음 결과의 ( )에 들어갈 것으로 틀린 것은?

요인	자유도	제곱합	평균제곱	F값
회귀	(a)	9.9	(b)	(c)
오차	(d)	33.0	(e)	
전체	(f)	42.9		

$$R^2 = (\ g\ )$$

① $a = 1,\ b = 9.9$
② $d = 8,\ e = 4.125$
③ $c = 2.4$
④ $g = 0.7$

91 ④

요인	자유도	제곱합	평균제곱	F값
회귀	1	$9.9(=SSR)$	$9.9=9.9/1(=MSR)$	$2.4=9.9/4.125$
오차	$8(=10-2)$	$33.0(=SSE)$	$4.125=33.0/8(=MSE)$	
전체	$9(=10-1)$	$42.9(=SST)$		

$R^2 = SSR/SST = 9.9/42.9 = 0.23$

분산분석표

변동의 원인	변동	자유도	평균변동	F
회귀	SSR	1	$MSR = SSR/1$	
잔차	SSE	$n-2$	$MSE = SSE/(n-2)$	MSR/MSE
총변동	SST	$n-1$		

회귀직선이 유효한지에 대한 검정은 위의 분산분석표에 의거해서 F검정을 실시한다.

- 총변동$(SST) = \displaystyle\sum_{i=1}^{n}(Y_i - \overline{Y})^2$

- 회귀$(SSR) = \displaystyle\sum_{i=1}^{n}(\widehat{Y_i} - \overline{Y})^2$

- 잔차$(SSE) = \displaystyle\sum_{i=1}^{n}(Y_i - \widehat{Y_i})^2$

- 결정계수$(R^2) = \dfrac{SSR}{SST} = 1 - \dfrac{SSE}{SST}$

92 초등학생과 대학생의 용돈의 평균과 표준편차가 다음과 같을 때 변동계수를 비교한 결과로 옳은 것은?

	용돈평균	표준편차
초등학생	130000	2000
대학생	200000	3000

① 초등학생 용돈이 대학생 용돈보다 상대적으로 더 평균에 밀집되어 있다.
② 대학생 용돈이 초등학생 용돈보다 상대적으로 더 평균에 밀집되어 있다.
③ 초등학생 용돈과 대학생 용돈의 변동계수는 같다.
④ 평균이 다르므로 비교할 수 없다.

93 자료의 산술평균에 대한 설명으로 틀린 것은?

① 이상점의 영향을 받지 않는다.
② 편차들의 합은 0이다.
③ 분포가 좌우대칭이면 산술평균과 중앙값은 같다.
④ 자료의 중심위치에 대한 측도이다.

92 ②

대학생 용돈의 변동계수(CV)는 1.50, 초등학생 용돈의 변동계수(CV)는 1.54로, 대학생 용돈의 변동계수가 초등학생 용돈의 변동계수보다 적기 때문에, 상대적으로 더 평균에 밀집되어 있다고 볼 수 있다.

*초등학생 변동계수= $\dfrac{2000}{130000} \times 100 = 1.54\,(\%)$

*대학생 변동계수= $\dfrac{3000}{200000} \times 100 = 1.50\,(\%)$

 나노해설

변동계수(coefficient of variation)
① 표준편차를 산술평균으로 나눈 값으로 산술평균에 대한 표준편차의 상대적 크기
② 자료가 극심한 비대칭이거나, 측정단위가 다를 때 산포도 비교 시 이용

$$CV = \frac{S}{\overline{x}} \times (100\%)$$

93 ①

평균은 이상점의 영향을 많이 받는다. 이상점의 영향을 적게 받는 대푯값은 중앙값(median)에 해당한다.

 나노해설

산술평균의 특징
• 대푯값 중 가장 많이 쓰이며, 수치 자료를 더한 후 총 자료수로 나눈 값
• 일반적으로 표본의 평균(통계량)은 $\overline{X}$, 모집단의 평균은 μ를 사용한다.
• 편차의 합은 0이다.
• 이상치의 값에 크게 영향을 받는다.

94 표본평균에 대한 표준오차의 설명으로 틀린 것은?

① 표본평균의 표준편차를 말한다.

② 모집단의 표준편차가 클수록 작아진다.

③ 표본크기가 클수록 작아진다.

④ 항상 0 이상이다.

95 A약국의 드링크제 판매량에 대한 표준편차(σ)는 10으로 정규분포를 이루는 것으로 알려져 있다. 이 약국의 드링크제 판매량에 대한 95% 신뢰구간을 오차한계 0.5보다 작게 하기 위해서는 표본의 크기를 최소한 얼마로 하여야 하는가? (단, 95% 신뢰구간의 $Z_{0.025}$=1.96)

① 77

② 768

③ 784

④ 1537

94 ②

표준오차는 $\dfrac{표준편차}{표본수의 제곱근} = \dfrac{S}{\sqrt{n}}$ 이므로 표준편차가 작을수록, 표본크기는 클수록 작아진다.

나노해설

표준오차

-추정량(표본평균)의 표준편차

-표준오차$= \dfrac{표준편차}{표본수의 제곱근} = \dfrac{S}{\sqrt{n}}$

95 ④

$$Z_{\alpha/2} \times \frac{\sigma}{\sqrt{n}} = Z_{0.025} \times \frac{10}{\sqrt{n}} = 1.96 \times \frac{10}{\sqrt{n}} \leq 0.5$$

$$\sqrt{n} \geq (1.96 \times 10)/0.5$$

$$n \geq 1536.64$$

나노해설

오차한계

신뢰구간 안에 모집단의 평균이 포함되어 있을 가능성이 $100(1-\alpha)$%이지만 표본의 평균 $\overline{x}$ 가 바로 우리가 찾는 모집단 평균 μ 일 가능성은 적다. 그러나 $\overline{x}$ 와 μ 의 차이, 즉 오차가 $Z_{\frac{\alpha}{2}} \dfrac{\sigma}{\sqrt{n}}$ 를 넘지 않을 것임을 $100(1-\alpha)$% 확신할 수 있다. 따라서 $Z_{\frac{\alpha}{2}} \dfrac{\sigma}{\sqrt{n}}$ 가 오차한계이다.

96 피어슨 상관관계 값의 범위는?

① 0에서 1 사이

② −1에서 0 사이

③ −1에서 1 사이

④ −∞에서 +∞ 사이

96 ③

상관계수는 -1에서 1 사이의 값으로 존재하며, -1에 가까울수록 높은 음의 상관성을, +1에 가까울수록 높은 양의 상관성을 나타낸다.

상관계수

(1) **피어슨(pearson) 상관계수(r)의 정의** ··· 측정대상이나 단위에 상관없이 두 변수 사이의 일관된 선형관계를 나타내주는 지표

(2) **상관계수(r)의 특징**
 ㉠ $-1 \leq r \leq 1$
 ㉡ 상관계수 절댓값이 0.2 이하일 경우 약한 상관관계
 ㉢ 상관계수 절댓값이 0.6 이상일 경우 강한 상관관계
 ㉣ 상관계수 값이 0에 가까우면 무상관

(3) **상관계수의 확장 개념**
 ㉠ 상관계수는 선형관계를 나타내는 지표로서 두 변수 간의 직선관계의 정도와 방향성을 측정할 수 있다.
 ㉡ 변수의 관계에 있어서 서로 상관성이 없으면 상관계수는 0에 가까우나 상관계수가 0에 가깝다고 해서 반드시 두 변수 간의 관계가 상관성이 없다고는 말할 수 없다.

97 두 변수 간의 상관계수 값으로 옳은 것은?

x	2	4	6	8	10
y	5	4	3	2	1

① -1

② -0.5

③ 0.5

④ 1

97 ①

$$corr(X,\ Y)=\frac{X와\ Y의\ 공분산}{X와\ Y의\ 표준편차}=\frac{S_{xy}}{S_xS_y}=\frac{E(XY)-E(X)E(Y)}{\sigma_x\sigma_y}$$

$$=\frac{14-6\times3}{\sqrt{8}\ \sqrt{2}}=\frac{14-18}{4}=\frac{-4}{4}=-1$$

$$E(XY)=\frac{(2\times5)+(4\times4)+(6\times3)+(8\times2)+(10\times1)}{5}$$

$$=\frac{10+16+18+16+10}{5}=\frac{70}{5}=14$$

$$E(X)=\frac{(2+4+6+8+10)}{5}=\frac{30}{5}=6$$

$$E(Y)=\frac{(5+4+3+2+1)}{5}=\frac{15}{5}=3$$

$$\sigma_x=\sqrt{\frac{(2-6)^2+(4-6)^2+(6-6)^2+(8-6)^2+(10-6)^2}{5}}$$

$$=\sqrt{\frac{16+4+0+4+16}{5}}=\sqrt{\frac{40}{5}}=\sqrt{8}$$

$$\sigma_y=\sqrt{\frac{(5-3)^2+(4-3)^2+(3-3)^2+(2-3)^2+(1-3)^2}{5}}$$

$$=\sqrt{\frac{4+1+0+1+4}{5}}=\sqrt{\frac{10}{5}}=\sqrt{2}$$

🖋 나노해설

상관계수(correlation coefficient)
㉠ 측정대상이나 단위에 상관없이 두 변수 사이의 일관된 선형관계를 나타내주는 지표
㉡ 공분산을 표준화시켜 공분산에서 발생할 수 있는 단위 문제를 해소한 값

$$corr(X,\ Y)$$
$$r_{xy}=\frac{X와\ Y의\ 공분산}{X와\ Y의\ 표준편차}=\frac{S_{xy}}{S_xS_y}=\frac{E(XY)-E(X)E(Y)}{\sigma_x\sigma_y}$$
$(S_{xy}:X와\ Y의\ 공분산,\ S_x:X의\ 표준편차,\ S_y:Y의\ 표준편차)$

98 5개의 자료값 10, 20, 30, 40, 50의 특성으로 옳은 것은?

① 평균 30, 중앙값 30

② 평균 35, 중앙값 40

③ 평균 30, 최빈값 50

④ 평균 25, 최빈값 10

99 단순회귀모형 $y_i = \beta + \beta_1 x_1 + \epsilon_1$, $\epsilon_i \sim N(0, \sigma^2)$ $(i=1, 2, \cdots, n)$에서 최소제곱법에 의해 추정된 회귀직선을 $\bar{y} = b_0 + b_1 x$라 할 때, 다음 설명 중 옳지 않은 것은?

(단, $S_x = \sum_{i=1}^{2} (x_i - \bar{x})^2$, $MSE = \sum_{i=1}^{n} (y_1 - \hat{y_i})^2 / (n-2)$ 이다)

① 추정량 b_1은 평균이 β_1이고, 분산이 σ^2 / S_{xx}인 정규분포를 따른다.

② 추정량 b_0은 회귀직선의 절편 β_0의 불편추정량이다.

③ MSE는 오차항 ϵ_i의 분산 σ^2에 대한 불편추정량이다.

④ $\dfrac{b_1 - \beta_1}{\sqrt{MSE / S_{xx}}}$는 자유도 각각 1, $n-2$인 F-분포 $F(1, n-2)$를 따른다.

98 ①

평균 $= \dfrac{(10 + 20 + 30 + 40 + 50)}{5} = \dfrac{150}{5} = 30$

중앙값 $= 3 = \left(\dfrac{(5+1)}{2}\right)$ 번째 순위에 있는 수$=30$

 나노해설

산술평균, 중앙선, 최빈값

㉠ **산술평균**(mean) : 대푯값 중 가장 많이 쓰이며, 수치 자료를 더한 후 총 자료 수로 나눈 값

$$\overline{x} = \frac{1}{n}(x_1 + x_2 + \cdots + x_n) = \frac{1}{n}\sum_{i=1}^{n} x_i \;(i = 1,\ 2,\ \cdots,\ n)$$

㉡ **중앙값**(median)

−전체 관측값을 크기순으로 나열했을 때 중앙(50%)에 위치하는 값을 말한다.

−자료 수 n이 홀수일 때 : $\dfrac{n+1}{2}$의 값

−자료 수 n이 짝수일 때 : $\dfrac{n}{2}$, $\dfrac{n}{2}+1$의 평균값

㉢ **최빈값**(mode) : 가장 많은 빈도를 가진 값으로 도수분포표의 경우 도수가 가장 큰 값

99 ④

$\dfrac{b_1 - \beta_1}{\sqrt{MSE/S_{xx}}}$ 는 자유도가 $n-2$인 t−분포 $t(n-2)$를 따른다.

 나노해설

$b_1 = \dfrac{\sum(X_i - \overline{X})(Y_i - \overline{Y})}{\sum(X_i - \overline{X})^2}$, $b_0 = \overline{Y} - b_1\overline{X}$

100 A회사에서 생산하고 있는 전구의 수명시간은 평균이 $\mu=800$(시간)이고, 표준편차가 $\sigma=40$(시간)이라고 한다. 무작위로 이 회사에서 생산한 전구 64개를 조사하였을 때 표본의 평균수명시간이 790.2시간 미만일 확률은? (단, $Z_{0.005}=2.58$, $Z_{0.025}=1.96$, $Z_{0.05}=1.645$이다)

① 0.01

② 0.025

③ 0.5

④ 0.10

100 ②

표본평균의 분포 $\overline{X} \sim N(\mu, \sigma^2/n) = N(800, 40^2/64)$

$P(X < 790.2)$

$= P\left(\dfrac{X - \mu}{\sigma} < \dfrac{790.2 - \mu}{\sigma}\right)$

$= P\left(\dfrac{X - 800}{40/8} < \dfrac{790.2 - 800}{40/8}\right)$

$= P(Z < -1.96)$

$= 0.025$

🔹 나노해설

중심극한이론 ··· 평균이 μ 이고 표준편차가 σ 인 정규분포를 따르는 모집단으로부터 크기가 n 인 표본을 취할 때, n 의 값에 상관없이 표본평균의 표본분포는 $N(\mu, \sigma^2/n)$ 를 따른다.

※ **표준화**

$$Z값 = \frac{확률변수값 - 평균}{표준편차} = \frac{X - \mu}{\sigma}$$

※ 표기시 $X \sim N(\mu, \sigma^2)$ 이고 $Z \sim N(0, 1)$ 이다.

사회조사분석사 2급 1차 필기

2020년 제3회 시행
(2020. 8. 23.)

01 양적 연구와 질적 연구에 관한 설명으로 옳지 않은 것은?

① 양적 연구는 연구자와 연구대상이 독립적이라는 인식론에 기초한다.

② 질적 연구는 현실 인식의 주관성을 강조한다.

③ 질적 연구는 연역적 과정에 기초한 설명과 예측을 목적으로 한다.

④ 양적 연구는 가치중립성과 편견의 배제를 강조한다.

02 사회과학 연구방법을 연구목적에 따라 구분할 때, 탐색적 연구의 목적에 해당하는 것을 모두 고른 것은?

> ㉠ 개념을 보다 분명하게 하기 위해
> ㉡ 다음 연구의 우선순위를 정하기 위해
> ㉢ 많은 아이디어를 생성하고 임시적 가설 개발을 위해
> ㉣ 사건의 범주를 구성하고 유형을 분류하기 위해
> ㉤ 이론의 정확성을 판단하기 위해

① ㉠, ㉡, ㉢

② ㉠, ㉢, ㉣

③ ㉡, ㉣, ㉤

④ ㉡, ㉢, ㉣, ㉤

01 ③

③ 질적 연구는 주관적인 사회과학연구방법으로 비통계적 관찰연구이며, 귀납적 연구 과정을 따른다. 연역적 과정을 기초한 연구는 양적 연구에 해당된다.

	질적 연구	양적 연구
개념	인간이 상호주관적 이해의 바탕에서 인간의 행위를 행위자의 그것에 부여하는 의미와 파악으로 이해하려는 해석적·주관적인 사회과학연구방법	연구대상의 속성을 양적으로 표현하고 그들의 관계를 통계분석을 통하여 밝히는 연구
특징	㉠ 자연주의적·비통계적 관찰 ㉡ 과정지향적 ㉢ 자료에서 파생한 발견지향 ㉣ 탐색적 ㉤ 확장주의적 ㉥ 서술적 ㉦ 귀납적 연구 ㉧ 주관적이며 일반화할 수 없다	㉠ 양적 방법, 통계적 측정 ㉡ 결과지향적 ㉢ 자료에서 파생하지 않는 확인지향적 ㉣ 확증적 ㉤ 축소주의적 ㉥ 추론적 ㉦ 연역적 연구 ㉧ 객관적이며 일반화 가능

02 ①

탐색조사는 문제의 규명을 주된 목적으로 하여 정확히 문제를 파악하지 못하였을 때 주로 사용하는 연구이다. ㉣, ㉤은 기술조사, 인과조사에 해당한다.

과학적 조사설계 목적에 따른 분류

㉠ 탐색조사
- 문제의 규명을 주된 목적으로 하며 정확히 문제를 파악하지 못하였을 때 이용한다.
- 문헌조사, 사례조사, 전문가 의견조사

㉡ 기술조사
- 관련 상황에 대한 특성 파악, 특정 상황의 발생 빈도 조사, 관련 변수들 사이의 상호관계의 정도 파악, 관련 상황에 대한 예측을 목적으로 하는 조사 방법이다.
- 종단조사, 횡단조사

㉢ 인과조사
- 원인과 결과의 관계를 파악하는 것을 목적으로 하는 조사 방법
- 실험조사, 유사실험조사

03 조사자의 주관이 개입될 가능성이 가장 높은 자료수집방법은?

① 면접조사

② 온라인조사

③ 우편조사

④ 전화조사

04 우편조사에 대한 설명으로 틀린 것은?

① 비용이 적게 든다.

② 자기기입식 조사이다.

③ 면접원에 의한 편향(bias)이 없다.

④ 조사대상 지역이 제한적이다.

03 ①

면접조사는 조사자가 응답자를 직접 대면하여 조사하는 방식으로 조사자의 능력에 따라 응답이 달라질 수 있으며, 조사자의 주관이 개입되어 편향이 생기기 쉽다.

자료수집방법

ⓣ **면접조사** : 조사자가 응답자를 직접 대면하여 조사하는 방식으로 추가 질문을 통해 높은 응답률과 다수의 의견을 얻을 수 있지만, 비용 및 시간이 많이 소요되며 조사원에 따른 편향이 생길 수 있으며 익명성이 보장되지 않기 때문에 민감한 주제에 대한 정확한 응답을 얻기 어렵다.

ⓛ **우편조사** : 질문지를 우편으로 보낸 후 반송용 봉투를 이용하여 응답을 받는 방식으로 비용이 저렴하며, 민감한 질문에도 응답 가능성이 높으나 회수율이 낮고 설문지가 애매할 경우 정확한 응답을 얻기 어렵다.

ⓒ **전화조사** : 전화를 통해 조사하는 방식으로 시간과 비용을 절약하여 넓은 지역을 조사할 수 있으며, 신속하게 진행할 수 있으나 전화기가 설치되어 있는 집단으로 한정되어 표집에 영향을 받으며 응답자를 통제하기가 어렵다.

ⓡ **온라인조사** : 인터넷을 활용하여 조사하는 방식으로 조사와 분석이 매우 신속하고, 비용이 저렴하며, 시공간 제약이 거의 없어 단시간에 많은 대상자를 조사할 수 있고 보조자료(그림, 음성, 동영상 등)를 통해 응답자의 이해도를 높일 수 있으나, 표본의 대표성을 확보하기가 어려워 모집단이 편향될 수 있다.

04 ④

우편조사는 질문지를 우편으로 보낸 후 반송용 봉투를 이용하여 응답을 받는 방식이기 때문에 ④ 조사대상자의 지역적 제한이 없으며, ① 비용이 적게 들고, ② 응답자가 자기기입식으로 기록하며, ③ 정해진 질문지에 기록하는 방식이기 때문에 면접원에 의한 편향은 없으며, 민감한 질문에도 응답 가능성이 높으나 회수율이 낮고 설문지가 애매할 경우 정확한 응답을 얻기 어렵다.

05 두 변수 X, Y 중 X의 변화가 Y의 변화를 생산해 낼 경우 X와 Y의 관계로 옳은 것은?

① 상관관계   ② 인과관계

③ 선후관계   ④ 회귀관계

06 다음 기업조사 설문의 응답 항목이 가지고 있는 문제점은?

> 귀사는 기업이윤의 몇 퍼센트를 재투자 하십니까?
> ① 0%
> ② 1~10%
> ③ 11~40%
> ④ 41~50%
> ⑤ 100% 이상

① 간결성   ② 명확성

③ 포괄성   ④ 상호배제성

05 ②

X의 변화가 원인이 되어 Y의 변화를 생산한 것이므로 인과관계에 해당된다.

 나노해설

① **상관관계**(correlation) : X의 변화와 Y의 변화가 같은 방향으로 변한다.
② **인과관계**(causation) : X가 원인이 되어 X가 변하면 Y가 변한다.
③ **선후관계** : X가 변한 후 Y가 변한다. 그렇다고 해서 X가 원인이 된다고 볼 수는 없다.
④ **회귀관계** : X, Y 간의 함수적인 변동 관계

06 ③

해당 설문조사 문항에서는 재투자 퍼센트가 50% 초과, 100% 미만일 경우에 응답 항목을 선택할 수 없다. 이는 응답 항목을 모두 포괄하기 어렵기 때문에 포괄성에 문제가 있다.

 나노해설

설문지 작성 원칙
㉠ **목적성** : 조사목적에 부합되는 정보를 얻을 수 있는 문항으로 구성하여야 한다.
㉡ **간결성** : 질문은 간결하고 짧아야 한다.
㉢ **명확성** : 질문 내용과 의미가 명확하게 전달될 수 있는 문항으로 구성하여야 한다.
㉣ **적절한 언어사용** : 응답자의 수준에 맞는 단어나 문장을 사용하고 응답자가 쉽게 이해할 수 있는 문항으로 구성하여야 한다.
㉤ **단순성** : 두 개 이상을 묻는 복합적인 질문은 피한다.
㉥ **포괄성** : 응답 문항에 응답자가 나올 수 있는 모든 항목을 포괄적으로 포함하고 있어야 한다.
㉦ **가치 중립성** : 응답 문항에 특정 대답을 암시할 수 있는 내용이 포함되어 있거나 유도하는 문항은 피한다.
㉧ **상호 배타성**(중복금지) : 다중 선택 문항이 아니면 응답자가 문항 하나만 선택할 수 있어야 한다.

07 사례조사연구의 목적으로 가장 적합한 것은?

① 명제나 가설의 검증

② 연구대상에 대한 기술과 탐구

③ 분석단위의 파악

④ 연구결과에 대한 일반화

08 다음 중 좋은 가설이 구비해야 할 요건이 아닌 것은?

① 가설은 현존 이론에서 구성되며 사실의 뒷받침을 받아 명제나 새로운 이론으로 발전되어야 한다.

② 가설은 일반화되어 있어야 한다.

③ 가설에 사용된 변수는 경험적 사실에 입각하여 측정이 가능해야 한다.

④ 실제 적용할 조사기술 및 분석방법과 관련을 갖고 있어야 한다.

07 ②

사례조사는 조사의뢰자가 당면해 있는 상황과 유사한 사례들을 찾아 종합적으로 분석하는 조사 방법으로 이로 인해 명제나 가설을 검증하거나 분석단위를 파악하거나 연구 결과를 일반화하기는 어려우나 연구대 상에 대한 기술과 탐구의 목적으로는 적합하다.

 나노해설

사례조사

㉠ **개념**
- 조사의뢰자가 당면해 있는 상황과 유사한 사례들을 찾아 종합적으로 분석하는 조사 방법을 말한다.
- 문제의 규명과 관련된 개념들의 관계를 명확히 해주는 데 효과적이지만 사후적 조사 방법이므로 그 결 과가 결정적인 것은 아니며 단지 시사적인 의미를 갖고 있을 뿐이다.

㉡ **종류**
- 실제로 일어났던 사건의 기록이나 목격한 사실을 분석하는 방법
- 시뮬레이션에 의하여 가상적 현실을 만들어 분석을 하는 방법
- 특정 문제와 유사한 사례들을 찾아내어 심층분석하는 방법
- 특정 문제에 대한 간접적인 경험과 지식을 갖게 됨으로써 현재 상황에 대한 논리적인 유추를 하는 데 도움을 주는 방법

08 ②

② 가설은 특정화되어야 한다.

 나노해설

좋은 가설의 조건

㉠ **경험적 근거** : 서술되어 있는 변수 관계를 경험적으로 검증할 수 있는 터전이 다져 있어야 한다.
㉡ **특정성** : 가설의 내용은 한정적, 특정적이어서 변수관계와 그 방향이 명백함으로 상린관계의 방향, 성 립조건에 관하여 명시할 필요가 있다.
㉢ **개념의 명확성** : 누구에게나 쉽게 전달될 수 있도록 쉬운 용어로 표현되어야 하며 가설을 구성하는 개 념이 조작적인 면에서 가능한 명백하게 정의되어야 한다.
㉣ **이론적 근거** : 가설은 이론발전을 위한 강력한 작업 도구로 현존 이론에서 구성되며 사실의 뒷받침을 받아 명제 또는 새로운 이론으로 발전한다.
㉤ **조사기술 및 분석 방법과의 관계성** : 검증에 필요한 일체의 조사기술의 장단점을 파악하고 분석 방법의 한계를 알고 있어야 한다.
㉥ **연관성** : 동일 연구 분야의 다른 가설이나 이론과 연관이 있어야 한다.
㉦ **계량화** : 가설은 통계적인 분석이 가능하도록 계량화해야 한다.
㉧ 가설은 서로 다른 두 개념의 관계를 표현해야 하며, 동의반복적이면 안 된다.

09 단일집단 사후측정설계에 관한 설명으로 옳은 것은?

① 외적타당도가 높다.

② 실험적 처치를 필요로 하지 않는다.

③ 인과관계를 규명하는데 취약한 설계이다.

④ 외생변수를 쉽게 통제할 수 있다.

10 면접조사 시 유의해야 할 사항으로 틀린 것은?

① 응답의 내용은 조사자가 해석하여 요약·정리해 둔다.

② 응답자와 친숙한 분위기(rapport)를 형성한다.

③ 조사자는 응답자가 이질감을 느끼지 않도록 복장이나 언어사용에 유의한다.

④ 조사자는 조사에 임하기 전에 스스로 질문내용에 대해 숙지한다.

09 ③

사후측정설계는 사전 통제 없이 실험변수를 처리한 실험집단과 통제집단을 비교한 것으로 실험변수의 인과관계를 명확히 규명하기에는 다소 취약한 설계이다.

 나노해설

순수실험설계의 종류
- ㉠ **통제집단 사후측정설계** : 무작위 배정에 의해서 동질적인 실험집단과 통제집단을 구성한 다음 실험집단에 대해서는 실험변수를 처리하고 통제집단에 대해서는 실험변수를 처리하지 않는다. (사전측정 없음)
- ㉡ **통제집단 사전사후측정설계** : 무작위 배정에 의해서 선정된 두 집단에 대하여 실험집단에는 실험변수의 조작을 가하고 통제집단에는 독립변수의 조작을 가하지 않는 방법이다. (사전측정 있음)
- ㉢ **솔로몬 4집단 설계** : 통제집단 사전사후측정설계와 통제집단 사후측정설계를 결합하는 것으로 가장 이상적인 방법이다. (사전효과를 확인하기 위해 사전측정이 있는 군과 없는 군 구분)

10 ①

응답 내용을 조사자 나름 해석하고 요약하면 조사자에 따른 편향이 발생할 수 있으므로 응답자의 대답을 그대로 정확하게 기록하여야 한다. 만약 응답자의 대답이 불분명하고 쓸데없는 경우 자세히 물어서 적절한 응답을 받아내야 한다.

 나노해설

면접조사
- ㉠ **의의** : 정보를 이끌어 낼 목적으로 사용하는 언어를 매개체로 한 커뮤니케이션 행위로 필요한 자료를 설문지나 대화를 통하여 얻어내는 방법
- ㉡ **면접시 오류의 근거**
  - 면접자로부터의 오류 : 면접자의 태도, 면접자의 외모, 면접자의 언어표현으로 인한 영향에서 생기는 오류 등
  - 면접진행상의 오류 : 면접기록상의 오류, 중립적, 비지시적 질문의 오류, 면접자가 응답에 대해 갖는 편견 등

11 비과학적 지식형성 방법 중 직관에 의한 지식형성의 오류에 해당하지 않는 것은?

① 부정확한 관찰　　　　　　　② 지나친 일반화

③ 자기중심적 현상 이해　　　　④ 분명한 명제에서 출발

12 다음 중 대규모 모집단의 특성을 기술하기에 유용한 방법은?

① 참여관찰(participant observation)

② 표본조사(sample survey)

③ 유사실험(quasi-experiment)

④ 내용분석(contents analysis)

13 연구 진행 과정에서 위약효과(placebo effect)가 큰 것으로 의심이 될 때 연구자가 유의해야 할 점은?

① 연구대상자 수를 줄여야 한다.

② 사전조사와 본조사의 간격을 줄여야 한다.

③ 연구결과를 일반화시키지 말아야 한다.

④ 연구대상자에게 피험자임을 인식시켜야 한다.

11 ④

비과학적 지식형성의 오류는 ① 부정확한 관찰, ② 과도한 일반화, 선별적 관찰, 꾸며낸 지식, 사후 가설설정, ③ 자아개입, 탐구의 조기종결, 신비화 등이 있다. 분명한 명제에서 출발하는 것은 오류에 해당하지 않는다.

 나노해설

비과학적 지식형성 방법

㉠ **직관에 의한 방법**
- 확증을 얻기 위하여 자명적 명제('전체는 부분보다 크다', '지구는 둥글다')에 호소하는 방법을 말한다.
- 하지만 명제는 유행의 영향으로 형성될 수 있으므로 언제나 분명성을 가지는 것은 아니다.

㉡ **비과학적 지식형성의 오류** : 부정확한 관찰, 과도한 일반화, 선별적 관찰, 꾸며낸 지식, 사후 가설설정, 자아개입, 탐구의 조기종결, 신비화 등

12 ②

표본조사는 대규모 모집단을 반영한 표본을 바탕으로 모집단의 특성을 기술하기에 유용하다.

 나노해설

① **참여관찰** : 연구자가 연구대상의 세계 속에 직접 참여하여 관찰
② **표본조사** : 모집단의 일부 표본을 추출한 후 전체를 추정하는 조사기법
③ **유사실험** : 실험설계의 기본요소인 무작위 배정, 통제집단, 독립변수의 조작 중 일부가 결여된 실험조사설계
④ **내용분석** : 조사사항에 대한 내용들을 비교해서 이에 대한 분석

13 ③

위약효과(플라시보 효과)란 약효가 전혀 없는 거짓 약을 진짜 약으로 가장, 환자에게 복용토록 했을 때 환자의 병세가 호전되는 효과를 말한다. 즉, 실제로는 전혀 효과가 없는 물질인데도 환자가 치료 효과가 있는 약물이라고 믿는 데서 비롯되는 효과를 말한다. 이 경우, 실험변수의 인과관계를 명확히 규명하기 어렵기 때문에 연구 결과를 일반화시키지 말아야 한다.

14 소득수준과 출산력의 관계를 알아볼 때, 개별사례를 바탕으로 어떤 일반적 유형을 찾아내는 방법은?

① 연역적 방법　　　　　　　② 귀납적 방법
③ 참여관찰법　　　　　　　　④ 질문지법

15 다음 중 외생변수의 통제가 가장 용이한 실험설계는?

① 비동질 통제집단 사전사후측정 설계
② 단일집단 사전사후측정 설계
③ 집단 비교설계
④ 통제집단 사전사후측정 설계

14 ②

구체적 사실을 바탕으로 일반 원리를 도출해 내는 방법은 귀납적 방법에 해당된다.

귀납적 방법과 연역적 방법

㉠ **귀납적 방법**

• 구체적인 사실로부터 일반 원리를 도출해낸다.

• 예)

　A 사람은 죽는다. (구체적 사실)

　B 사람은 죽는다. (구체적 사실)

　C 사람도 죽는다. (구체적 사실)

　그러므로 모든 사람은 죽는다. (이론)

㉡ **연역적 방법**

• 일정한 이론적 전제를 수립해 놓고 그에 따라 구체적인 사실을 수집하고 검증함으로써 다시 이론적 결론을 유도한다.

• 예)

　모든 사람은 죽는다. (이론)

　A는 사람이다. (구체적 사실)

　그러므로 A는 죽는다. (이론)

15 ④

통제집단 사전사후측정 설계는 무작위 배정에 의해서 선정된 두 집단에 대하여 실험집단에는 실험변수의 조작을 가하고 통제집단에는 독립변수의 조작을 가하지 않는 방법으로 외생변수의 통제가 용이하다.

순수실험설계의 종류

㉠ **통제집단 사후측정설계** : 무작위 배정에 의해서 동질적인 실험집단과 통제집단을 구성한 다음 실험집단에 대해서는 실험변수를 처리하고 통제집단에 대해서는 실험변수를 처리하지 않는다. (사전측정 없음)

㉡ **통제집단 사전사후측정설계** : 무작위 배정에 의해서 선정된 두 집단에 대하여 실험집단에는 실험변수의 조작을 가하고 통제집단에는 독립변수의 조작을 가하지 않는 방법이다. (사전측정 있음)

㉢ **솔로몬 4집단 설계** : 통제집단 사전사후측정설계와 통제집단 사후측정설계를 결합하는 것으로 가장 이상적인 방법이다. (사전효과를 확인하기 위해 사전측정이 있는 군과 없는 군 구분)

16 내용분석에 관한 설명으로 틀린 것은?

① 조사대상에 영향을 미친다.

② 시간과 비용 측면에서 경제성이 있다.

③ 일정기간 진행되는 과정에 대한 분석이 용이하다.

④ 연구 진행 중에 연구계획의 부분적인 수정이 가능하다.

17 다음 중 실험설계의 특징이 아닌 것은?

① **실험의** 검증력을 극대화 시키고자 하는 시도이다.

② 연구가설의 진위여부를 확인하는 구조화된 절차이다.

③ 실험의 내적 타당도를 확보하기 위한 노력이다.

④ 조작적 상황을 최대한 배제하고 자연적 **상황을** 유지해야 하는 표준화된 절차이다.

16 ①

내용분석은 기록물을 통해 간접적으로 연구 자료를 수집하는 것으로 조사대상에 반응하지 않고 관여하지 않아 영향을 미치지 않는다.

 나노해설

내용분석

㉠ 개념 : 기록물을 통해 필요한 연구 자료를 간접적 수집, 분석하는 방법

㉡ 장점
- 시간 및 비용 경제성
- 연구계획 수정 가능
- 장기간 연구도 수집 용이
- 조사대상에 반응하지 않고 관여하지 않음

㉢ 단점
- 기록으로 남아 있는 것만 조사 가능
- 타당도 확보 부족

17 ④

④ 실험설계는 실험변수와 결과변수의 조작(=조작적 상황)을 통해 실험 결과에 영향을 미치는 외생변수를 통제하여 관련된 사항만을 관찰 분석하기 위한 방법이다.

 나노해설

실험설계

㉠ 개념 : 사회현상을 보다 정확히 이해하고 예측을 위한 정보를 얻고자 연구의 초점이 되는 현상과 그와 관련된 사항만을 정확하게 집중적으로 관찰 또는 분석하기 위하여 실시하는 방법

㉡ 기본 조건
- 실험변수(원인변수, 독립변수)와 결과변수(종속변수)의 조작
- 실험결과에 영향을 미치는 외생변수의 통제
- 실험대상의 무작위 추출

18 설문지 작성에서 질문의 순서를 결정할 때 고려할 사항이 아닌 것은?

① 시작하는 질문은 쉽고 흥미를 유발할 수 있어야 한다.

② 인적사항이나 사생활에 대한 질문은 가급적 처음에 묻는다.

③ 일반적인 내용을 먼저 묻고, 다음에 구체적인 것을 묻도록 한다.

④ 연상작용을 일으키는 문항들은 간격을 멀리 떨어뜨려 놓는다.

19 사회조사의 윤리적 원칙으로 옳지 않은 것은?

① 윤리적 원칙은 연구결과의 보고에도 적용된다.

② 고지된 동의서는 조사자를 보호하기 위해 활용될 수 있다.

③ 연구 참여에 따른 위험과 더불어 혜택도 고지되어야 한다.

④ 조사대상자의 익명성은 조사결과를 읽는 사람에게만 해당된다.

18 ②

② 인적사항이나 사생활과 같은 인구사회학적 특성 등 민감한 질문 등은 가급적 질문지 뒤로 보내는 것이 좋다.

질문지 설계

㉠ 질문들을 서로 밀집해서 배열하지 않도록 한다.

㉡ 질문들은 논리적이며 일관성이 있게 배열하도록 한다.

㉢ 첫 질문은 가볍고 흥미로운 것으로 한다.

㉣ 응답자의 사고를 연구 주제 쪽으로 유도할 수 있는 문항이 좋다.

㉤ 난해한 질문은 중간이나 마지막에 놓도록 한다.

㉥ 같은 종류의 질문은 묶고 일반질문은 특별질문 앞에 놓도록 한다.

㉦ 인구사회학적 특성 등 민감한 질문 등은 가급적 뒤로 보내는 것이 좋다.

19 ④

④ 조사대상자의 익명성 및 비밀보장원칙은 의무사항으로 반드시 지켜져야 하며, 이는 조사결과를 읽는 사람 뿐 아니라 연구자를 제외한 모든 사람들에게 해당되며, 연구자는 이를 타인에게 발설할 수 없다.

사회조사의 윤리원칙

㉠ 연구내용 및 주제가 인간 및 기타 생명에 해가 되어서는 안 된다.

㉡ 조사대상자의 익명성이 보장되어야 한다.

㉢ 연구에 대한 내용을 대상자가 이해할 수 있도록 자세히 고지한 후 연구 동의를 얻어야 한다.

20 다음 중 과학적 연구의 특징으로 옳은 것을 모두 고른 것은?

ㄱ 간결성
ㄴ 수정 가능성
ㄷ 경험적 검증 가능성
ㄹ 인과성
ㅁ 일반성

---

① ㄱ, ㄴ, ㄹ

② ㄴ, ㄹ, ㅁ

③ ㄱ, ㄴ, ㄷ, ㄹ

④ ㄱ, ㄴ, ㄷ, ㄹ, ㅁ

21 관찰조사방법의 장점으로 옳지 않은 것은?

① 비언어적 자료를 수집하는데 효과적이다.

② 장기적인 연구조사를 할 수 있다.

③ 환경변수를 완벽하게 통제할 수 있다.

④ 자연스러운 연구 환경의 확보가 용이하다.

20 ④

과학적 연구의 특징은 간결하고, 연구설계가 수정 가능하며, 경험적으로 검정이 가능하고, 인과성을 증명할 수 있어 이를 일반화할 수 있어야 한다.

21 ③

관찰조사는 조사목적에 필요한 사건을 관찰하고 기록하고 분석하는 것으로 주변 환경변수를 통제할 수 없다는 것이 단점이다.

 나노해설

관찰조사
㉠ 개념 : 조사목적에 필요한 사건을 관찰하고 기록하고 분석하는 조사 방법
㉡ 장점
 • 연구대상의 무의식적 행동이나 태도가 모호할 경우 측정 가능
 • 비언어적 자료수집에 있어 효과적
 • 현상에 대해 직접 관찰 및 경험함으로써 자연스러운 연구 환경 확보 용이
 • 접근의 다양성 확보 및 장기간 종단 분석 가능
㉢ 단점
 • 겉으로 드러난 현재 상황만 관찰 가능
 • 관찰자의 주관 개입 가능
 • 현 현상에 대한 관찰로 국한되어 주변 환경변수의 완벽한 통제가 어려움

22 정당 공천에 앞서 당선 가능성이 높은 후보를 알아보고자 할 때 가장 적합한 조사 방법은?

① 단일사례 관찰조사   ② 델파이 조사

③ 표본집단 설문조사   ④ 초점집단 면접조사

23 다음 중 연구대상에 영향을 미칠 가능성이 가장 적은 것은?

① 완전관찰자   ② 관찰자로서의 참여자

③ 참여자로서의 관찰자   ④ 완전참여자

24 다음 중 질문지 작성 시 요구되는 원칙이 아닌 것은?

① 규범성   ② 간결성

③ 명확성   ④ 가치중립성

22 ③

설문조사를 통해 당선 가능성이 높은 후보의 선호도를 조사할 수 있다.

 나노해설

① 관찰조사 : 조사목적에 필요한 사건을 관찰하고 기록하고 분석하는 조사 방법
② 델파이 기법 : 전문가의 견해를 물어 종합적인 상황을 파악하거나 미래의 불확실한 상황을 예측할 때 주로 이용되는 조사기법으로 집단토론 중에 여러 가지 왜곡현상이 나타나는 것을 제거하기 위해 개발한 방법
④ 초점집단조사 : 면접자가 주도하여 소수의 응답자 집단과 면접자와 면담을 이어나가며, 응답자 집단이 관심을 갖는 과제에 대해 서로 이야기를 나누는 것을 관찰하면서 정보를 얻는 조사

23 ①

완전관찰자로서의 관찰자는 제3자의 입장으로 객관적으로 관찰하는 유형으로 연구대상에 영향을 미칠 가능성이 가장 적다.

 나노해설

참여관찰의 종류
㉠ **완전참여자** : 관찰자는 신분을 속이고 대상 집단에 완전히 참여하여 관찰하는 것으로 대상 집단의 윤리적인 문제를 겪을 가능성이 가능 높은 유형
㉡ **완전관찰자** : 관찰자는 제3자의 입장에서 객관적으로 관찰하는 유형
㉢ **참여자적 관찰자** : 연구대상자들에게 참여자의 신분과 목적을 알리나 조사 집단에는 완전히 참여하지는 않는 유형
㉣ **관찰자적 참여자** : 연구대상자들에게 참여자의 신분과 목적을 알리고 조사 집단의 일원으로 참여하여 활동하는 유형

24 ①

질문지 작성 시 ② 간결성(부연설명이나 단어 중복 피하기), ③ 명확성(모호한 질문 피하기), ④ 가치중립성(특정 대답을 암시하거나 유도하지 말기), 적정한 언어 사용, 단순성, 규범적인 응답 억제, 응답자 자존심 보호와 함께 완전한 문장으로 구성되어야 한다.

25 온라인조사의 특징과 관계가 없는 내용은?

① 응답자에 대한 접근이 용이하다.

② 응답자의 익명성이 보장되기 어렵다.

③ 현장조사에 비해서 경비를 절감할 수 있다.

④ 표본의 대표성 확보가 용이하다.

26 정확한 응답을 유도하거나 응답이 지엽적으로 흐르는 것을 막기 위해 추가질문을 행하는 것은?

① 캐어묻기(probing)

② 맞장구쳐주기(reinforcement)

③ 라포(rapport)

④ 단계적 이행(transition)

27 연구 문제가 학문적으로 의미 있는 것이라고 할 때, 학문적 기준과 가장 거리가 먼 것은?

① 독창성을 가져야 한다.

② 이론적인 의의를 지녀야 한다.

③ 경험적 검증가능성이 있어야 한다.

④ 광범위하고 질문형식으로 쓴 상태여야 한다.

25 ④

온라인조사는 인터넷을 활용하여 조사하는 방식으로 조사와 분석이 매우 신속하고, 비용이 저렴하며, 시공간 제약이 거의 없어 단시간에 많은 대상자를 조사할 수 있고 보조자료(그림, 음성, 동영상 등)를 통해 응답자의 이해도를 높일 수 있으나, 표본의 대표성을 확보하기가 어려워 모집단이 편향될 수 있다. 또한 중복 응답 방지를 위해 본인 인증이나 인터넷 실명제로 인해 익명성 보장이 어려울 수 있다.

26 ①

응답자의 대답이 불충분하거나 정확하고 충분한 답을 얻지 못했을 때 재질문하여 답을 구하는 기술은 프로빙, 캐어묻기에 해당된다.

 나노해설

① **캐어묻기**(프로빙, probing) **기술** : 응답자의 대답이 불충분하거나 정확하고 충분한 답을 얻지 못했을 때 재질문하여 답을 구하는 기술
③ **친근한 관계**(라포, rapport) : 공감대 형성

27 ④

학문적 기준은 독창성, 이론적 의의, 경험적 검증 가능성이 있어야 한다.

28 전문가의 견해를 물어 종합적인 상황을 파악하거나 미래의 불확실한 상황을 예측할 때 주로 이용되는 조사기법은?

① 이차적 연구(secondary research)

② 코호트(cohort) 설계

③ 추세(trend) 설계

④ 델파이(delphi) 기법

29 실제 연구가 가능한 주제가 되기 위한 조건과 가장 거리가 먼 것은?

① 기존의 이론 체계와 반드시 관련이 있어야 한다.

② 연구현상이 실증적으로 검증 가능해야 한다.

③ 연구문제가 관찰 가능한 현상과 밀접히 연결되어야 한다.

④ 연구대상이 되는 현상에 대한 명확한 규정이 존재해야 한다.

30 다음 중 개방형 질문의 특징이 아닌 것은?

① 자료처리를 위한 코딩이 쉬운 장점을 갖는다.

② 예기치 않은 응답을 발견할 수 있다.

③ 자세하고 풍부한 응답내용을 얻을 수 있다.

④ 탐색조사에서 특히 유용한 질문의 형태이다.

28 ④

델파이 기법은 전문가의 견해를 물어 종합적인 상황을 파악하거나 미래의 불확실한 상황을 예측할 때 주로 이용되는 조사기법으로 집단토론 중에 여러 가지 왜곡현상이 나타나는 것을 제거하기 위해 개발한 방법이다.

① **이차적 연구** : 다른 조사나 기관에서 다른 연구 주제를 목적으로 실험 등을 통해 조사된 자료를 통해 분석하는 것으로 조사자가 직접 조사 및 실험을 통해 수집한 1차 자료분석에 비해 조사자가 연구에 비관여하는 연구방법이다.

② **코호트 설계**
  • 동기생, 동시경험집단을 연구하는 것으로 일정한 기간 동안에 어떤 한정된 부분 모집단을 연구하는 것이다.
  • 특정한 경험을 같이 하는 사람들이 갖는 특성에 대해 다른 시기에 걸쳐 두 번 이상 비교하고 연구한다.

③ **추세 설계**
  • 일반적인 대상 집단에서 시간의 흐름에 따라 나타나는 변화를 관찰하는 것을 말한다.
  • 측정을 하고 자료를 수집할 때마다 매번 같은 모집단에서 새로운 표본을 독립적으로 추출하여 연구하는데 모집단이 같으므로 추출된 표본은 근본적으로 같다는 것을 전제한다.

29 ①

① 연구 주제는 기존 이론체계에서 미진한 부분이나 연구 결과가 상호 모순되는 경우, 또는 사회적 요청이 있거나 개인적 경험에 의해 결정될 수 있다. 따라서 반드시 기존 이론 체계와 관련이 있을 필요는 없다.

연구 주제
㉠ 기존 이론체계에서 미진한 부분
㉡ 기존의 연구 결과가 상호 모순되는 경우
㉢ 기존의 지식체계로는 어떤 새로운 사실을 설명할 수 없을 때
㉣ 사회 요청
㉤ 개인 경험

30 ①

개방형 질문은 주관식 질문 형태로서 자세하고 풍부한 응답 내용을 얻을 수 있으며, 예상하지 못했던 응답을 발견할 수 있기에 예비조사나 탐색조사 목적으로 유용하다. 하지만 다양한 응답 내용으로 인해 폐쇄형 질문(=객관식 질문)에 비해 자료처리 코딩이 어렵다.

질문의 유형
㉠ **폐쇄형 질문** : 객관식 질문 형태
㉡ **개방형 질문** : 주관식 질문 형태
㉢ **가치중립적 질문** : 조사자의 가치판단을 배제하고 중립적인 질문 형태
㉣ **유도성 질문** : 특정 대답을 암시하거나 유도하는 질문 형태

31 타당도에 관한 설명으로 옳은 것을 모두 고른 것은?

> ㉠ 타당도는 측정하고자 하는 바를 얼마나 정확하게 측정하였는가에 대한 개념이다.
> ㉡ 내적타당도는 측정된 결과가 실험 변수의 변화 때문에 일어난 것인가에 관한 문제이다.
> ㉢ 외적타당도는 연구결과의 일반화 가능성에 대한 것이다.
> ㉣ 일반적으로 내적타당도를 높이고자 하면 외적타당도가 낮아지고, 외적타당도를 높이고자 하면 내적타당도가 낮아진다.

① ㉠

② ㉠, ㉡

③ ㉠, ㉡, ㉢

④ ㉠, ㉡, ㉢, ㉣

32 단순무작위표집에 대한 설명으로 틀린 것은?

① 표본이 모집단으로부터 추출된다.

② 모든 요소가 동등한 확률을 가지고 추출된다.

③ 구성요소가 바로 표집단위가 되는 것은 아니다.

④ 표집 시 보편적인 방법은 난수표를 사용하는 것이다.

31 ④

타당도는 ⓐ 측정도구 자체가 측정하고자 하는 개념이나 속성을 어느 정도 정확히 반영할 수 있는가를 나타내는 정도를 나타내며, 내적타당도와 외적타당도로 구분할 수 있다. 내적타당도는 ⓑ 논리적 인과관계의 타당성이 있는지를 판별하는 기준에 해당되며 외적타당도는 ⓒ 하나의 실험을 통해 얻은 연구 결과가 결과를 일반화 할 수 있는 정도이다. 일반적으로 내적타당도와 외적타당도는 반비례 관계에 있다.

타당도 … 측정도구 자체가 측정하고자 하는 개념이나 속성을 어느 정도 정확히 반영할 수 있는가를 나타내는 정도

ⓐ **내적타당도**
- 개념 : 논리적 인과관계의 타당성이 있는지를 판별하는 기준
- 내적타당도 저해요인 우연한 사건, 성숙요인, 역사요인, 선발요인, 상실요인, 회귀요인, 검사요인, 도구요인, 확산요인, 통계적 회귀 등

ⓑ **외적타당도**
- 개념 : 하나의 실험을 통해 얻은 연구 결과가 결과를 일반화 할 수 있는 정도
- 외적타당도 저해요인
 -표본의 대표성
 -조사 대상자의 민감성 또는 반응성
 -환경과 상황
- 외적타당도 저해요인 통제 방법 : 무작위 표본 추출방법

32 ③

③ 모집단의 구성요소들이 표집단위이고, 표본으로 선택될 확률이 알려져 있고 동일하다.

단순무작위표집
ⓐ **개념** : 모집단 내에 포함되어 있는 모든 조사 단위에 표본으로 뽑힐 확률을 부여하여 표본을 추출하는 방법으로 그 추출 방법에는 제비뽑기, 난수표방법 등이 있다.

ⓑ **선형조건**
- 모집단에 대해 정확하게 알지 못하면 모집단의 복제에 가까운 표본을 구하기 힘들기 때문에 모집단에 대해 정확한 정의를 내려야 한다.
- 모집단의 모든 구성요소들에 대한 목록이 완전하게 작성되어야 한다.
- 모집단의 구성요소들이 표본으로 선택될 확률이 알려져 있고 동일하다.

33 표본크기를 결정할 때 고려하는 사항과 가장 거리가 먼 것은?

    ① 모집단의 동질성   ② 모집단의 크기

    ③ 척도의 유형   ④ 신뢰도

34 타당도에 대한 설명으로 옳지 않은 것은?

    ① 조사자가 측정하고자 하는 것을 어느 정도 하였는가의 문제이다.

    ② 같은 대상의 속성을 반복적으로 측정할 때 같은 측정 결과를 가져올 수 있는 정도를 말한다.

    ③ 여러 가지 조작적 정의를 이용해 측정을 하고, 각 측정값 사이의 상관관계를 조사하여 타당도를 가한다.

    ④ 외적타당도란 연구결과를 일반화시킬 수 있는 정도를 의미한다.

35 리커트(Likert) 척도를 작성하는 기본절차와 가장 거리가 먼 것은?

    ① 척도문항의 선정과 척도의 서열화

    ② 응답자의 진술문항 선정과 각 문항에 대한 응답자들의 서열화

    ③ 응답범주에 대한 배점과 응답자들의 총점순위에 따른 배열

    ④ 상위응답자들과 하위응답자들의 각 문항에 대한 판별력의 계산

33 ③

표본크기를 결정할 때 척도의 유형은 고려사항에 해당되지 않는다.

 나노해설

표본의 크기 결정요인
㉠ **내적요인** : 모집단의 크기, 신뢰구간, 신뢰수준, 모집단의 분산
㉡ **외적요인** : 연구목적, 표본의 추출방법, 필요한 통계량의 수준, 모집단의 동질성 정도, 시간, 비용, 실제 표본추출 가능성, 변수의 수 또는 분석 카테고리의 수, 자료분석 방법

34 ②

② 반복 측정하여 같은 측정 결과를 나타내는 것은 신뢰도에 해당되는 부분이다.

 나노해설

신뢰도와 타당도
㉠ **신뢰도** : 동일한 측정도구를 시간을 달리하여 반복해서 측정했을 경우에 동일한 측정결과를 얻게 되는 정도
㉡ **타당도** : 측정도구 자체가 측정하고자 하는 개념이나 속성을 어느 정도 정확히 반영할 수 있는가를 나타내는 정도

35 ②

② 각 문항에 대한 응답자들의 서열이 아니라 각 문항에 대한 응답지들을 3~10개 정도의 척도 항목으로 서열을 구분하고, 전체 문항에 대한 총점 순위에 의해 응답자들을 배열한다.

 나노해설

리커트 척도화의 기본적인 절차
㉠ 응답자와 질문 문항의 선정
㉡ 각 문항에 대한 응답지들의 서열화
㉢ 응답 카테고리에 대한 배점
㉣ 총점 순위에 의한 응답자들의 배열
㉤ 척도문항의 분석

36 신뢰도와 타당도에 대한 설명 중 올바르게 서술한 것은?

① 타당도가 없으면 신뢰도는 없다.

② 신뢰도는 타당도를 보장하지 않는다.

③ 신뢰도가 높으면 타당도도 높다.

④ 신뢰도와 타당도는 상호배타적이므로 항상 동일하게 인식하여야 한다.

37 서열측정을 위한 방법으로 단순합산법을 사용하는 대표적인 척도는?

① 거트만(Guttman) 척도

② 서스톤(Thurstone) 척도

③ 리커트(Likert) 척도

④ 보가더스(Bogardus) 척도

36 ②

① 타당도가 없으면 신뢰도는 있을 수도 있고 없을 수도 있다.
③ 신뢰도가 높다고 해서 반드시 타당도가 높다고 볼 수는 없다.
④ 신뢰도와 타당도는 상호보완적이지만 별개의 문제로 인식하여야 한다.

 나노해설

신뢰도와 타당도

㉠ **신뢰도의 개념**
• 동일한 측정도구를 시간을 달리하여 반복해서 측정했을 경우에 동일한 측정결과를 얻게 되는 정도
• 측정 방법 : 재검사법, 반분법, 복수양식법 등

㉡ **타당도의 개념**
• 측정도구 자체가 측정하고자 하는 개념이나 속성을 어느 정도 정확히 반영할 수 있는가를 나타내는 정도
• 측정 방법 : 내용타당도, 기준관련타당도, 개념타당도 등

㉢ **신뢰도와 타당도의 비교**
• 측정이 정확하게 이루어지지 않으면 모든 과학적 연구는 타당도를 잃게 되며, 신뢰도와 타당도는 상호
  보완적이지만 별개의 문제로 인식하여야 한다.
• 측정에 타당도가 있으면 항상 신뢰도가 있다.
• 신뢰도가 높은 도구가 타당도도 높은 것은 아니다.
• 측정에 타당도가 없으면 신뢰도가 있을 수도 있고 없을 수도 있다.
• 측정에 신뢰도가 있으면 타당도가 있을 수도 있고 없을 수도 있다.
• 측정에 신뢰도가 없으면 타당도가 없다.

37 ③

리커트 척도는 평정척도의 변형으로 여러 문항을 하나의 척도로 구성하여 전체 항목의 평균값을 측정치로 한다. 이는 모든 항목들에 대해 동일한 가치를 부여하고 개별 항목들의 답을 합산하여 측정치가 만들어지고 서열을 나누는 것으로 단순 합계에 의한 합산법 척도의 대표적인 방법이다.

 나노해설

① **거트만 척도**(누적척도)
• 척도를 구성하는 과정에서 질문 문항들이 단일차원을 이루는지를 검증할 수 있는 척도
• 재생계수를 통해 응답자의 답변이 이상적인 패턴에 얼마나 가까운가를 측정할 수 있으며, 응답자와 자극을 동시에 측정하는 척도
② **서스톤 척도**(=등간척도, 등현등간척도) : 평가자들이 각 문항이 척도상 어디에 위치할 것인지 판단하도록 한 다음, 연구자가 이를 바탕으로 문항 중에서 대표적인 것들을 선정하여 척도를 구성하는 방법
③ **리커트 척도**(=총화평정척도) : 태도척도에서 부정적인 극단에는 1점을, 긍정적인 극단에는 5점을 부여한 후, 전체 문항의 총점 또는 평균을 가지고 태도를 측정하는 것
④ **보가더스 척도** : 집단 간의 사회적 거리(친밀감, 무관심 등)를 측정하기에 적합한 척도

38 일반적으로 표집방법들 간의 표집효과를 계산할 때 준거가 되는 표집방법은?

① 군집표집   ② 체계적표집

③ 층화표집   ④ 단순무작위표집

39 다음은 어떤 척도에 관한 설명인가?

> • 관찰대상의 속성에 따라 관찰대상을 상호배타적이고 포괄적인 범주로 구분하여 수치를 부여하는 도구
> • 변수간의 사칙연산은 의미가 없음
> • 운동선수의 등번호, 학번 등이 있음

① 명목척도   ② 서열척도

③ 등간척도   ④ 비율척도

40 의미분화척도(semantic differential scale)의 특성으로 옳지 않은 것은?

① 언어의 의미를 측정하기 위한 것으로, 응답자의 태도를 측정하는 데 적당하지 않다.

② 양적 판단법으로 다변량 분석에 적용이 용이하도록 자료를 얻을 수 있게 해주는 방법이다.

③ 척도의 양극단에 서로 상반되는 형용사나 표현을 이용해서 측정한다.

④ 의미적 공간에 어떤 대상을 위치시킬 수 있다는 이론적 가정을 사용한다.

38 ④

표집방법들의 기준이 되는 것은 단순무작위표본추출 방법이다.

 나노해설

확률표본추출의 종류

㉠ **무작위표본추출** : 모집단 내에서 무작위로 추출하는 방법

㉡ **계통추출** : 체계적 추출이라고도 함. 모집단으로부터 임의로 첫 번째 추출 단위를 추출하고 두 번째부터는 일정한 간격을 기준으로 표본을 추출하는 방법

㉢ **층화표본추출** : 모집단을 일정 기준으로 층을 나눈 다음 각 층에서 표본을 추출하는 방법

㉣ **군집표본추출** : 모집단의 대상을 직접 추출하지 않고 모집단을 여러 군집(cluster)으로 묶어 이 군집을 표본으로 추출하여 군집 내 대상자들을 조사하는 방법

39 ①

명목척도는 성별(남자=1, 여자=2), 운동선수 등번호, 학번처럼 이름이나 명칭 대신에 숫자를 부여한 것으로 숫자에 특별한 정보를 담고 있지는 않은 것을 의미한다.

 나노해설

척도의 종류

㉠ **명목척도** : 성별(남자=1, 여자=2)처럼 이름이나 명칭 대신에 숫자를 부여한 것으로 숫자에 특별한 정보를 담고 있지는 않다.

㉡ **서열척도** : 성적(A, B, C, …)와 같이 명목측정의 성격을 가지고 있으며, 추가적으로 대상의 순위나 서열을 나타낸다.

㉢ **등간척도** : 온도와 같이 간격의 정보가 포함되어 있으며, 부등호 관계 및 사칙연산이 가능하다.

㉣ **비율척도** : 절대 0의 값을 가지며, 사칙연산이 가능하다.

㉤ 등간척도와 비율척도의 차이는 절대 0의 개념이며, 예를 들어, 온도의 경우, 0℃는 "없다(=절대 0)"의 개념이 아닌, 간격 중 하나에 해당하나 음식 섭취량에서 0kcal는 "없다(=절대 0)"의 개념이다.

40 ①

① 의미분화척도는 언어의 의미를 측정하여 응답자의 태도를 측정하는 방법이다.

 나노해설

의미분화척도(=어의차별척도, 의미변별척도)

㉠ 언어의 의미를 측정하여 응답자의 태도를 측정하는 방법

㉡ 다차원적인 개념을 측정하는데 사용되는 척도

㉢ 하나의 개념에 대하여 응답자들로 하여금 여러 가지 의미의 차원에서 평가

41 다음에서 사용한 표집방법은?

> 580개 초등학교 모집단에서 5개 학교를 임의표집 하였다. 선택된 학교마다 2개씩의 학급을 임의선택하고, 또 선택된 학급마다 5명씩의 학생들을 임의선택하여 학생들이 학원에 아니는지 조사 하였다.

① 단순무작위표집   ② 층화표집

③ 군집표집   ④ 할당표집

42 표집과 관련된 용어에 대한 설명으로 틀린 것은?

① 모수(parameter)는 표본에서 어떤 변수가 가지고 있는 특성을 요약한 통계치이다.

② 표집률(sampling ratio)은 모집단에서 개별요소가 선택될 비율이다.

③ 표집간격(sampling interval)은 모집단으로부터 표본을 추출할 때 추출되는 요소와 요소간의 간격을 의미한다.

④ 관찰단위(observation unit)는 직접적인 조사대상을 의미한다.

41 ③

집락이 상호배타적인 성격을 가질 수 있도록 집락 수준의 수(580개 초등학교 모집단에서 5개 학교를 임의표집)를 정하고 무작위적으로 선택하는 방법은 군집표집에 해당된다.

 나노해설

군집표집
㉠ **의의** : 모집단을 구성하는 요소로 개개인을 추출하는 것이 아니고 집단을 단위로 하여 추출하는 방법으로 면접될 조사단위를 확인할 수 없을 때 필수적으로 사용되는 추출방법
㉡ **표본추출과정**
• 집락이 상호배타적인 성격을 가질 수 있도록 집락수준의 수를 정한다.
• 정한 수만큼 각 집락수준으로부터 무작위적으로 선택한다.
• 집단이 최종 표본추출단위가 된다.

42 ①

① 모수는 모집단의 특성을 수치로 나타낸 것이며 표본의 특성을 수치로 표현한 것은 통계량이다.

 나노해설

용어의 정의
㉠ **모집단** : 표본이 추출되는 모체가 되는 전체 집단
㉡ **표본** : 모집단의 일부로 연구대상이 되는 것
㉢ **표본추출단위** : 모집단의 구성분자를 의미하며 조사단위임
㉣ **관찰단위** : 정보를 수집하는 요소 또는 요소의 총합체
㉤ **표집간격** : 표본을 모집단으로부터 추출할 때 추출되는 간격
㉥ **변수** : 상호배타적인 속성들의 집합
㉦ **편의** : 모집단의 추정치를 모수치의 진가와 계통적으로 차이가 나도록 만드는 오차

43 측정의 신뢰성을 향상시킬 수 있는 방법으로 가장 거리가 먼 것은?

① 측정도구에 포함된 내용이 측정하고자 하는 내용을 대표할 수 있도록 한다.

② 응답자가 모르는 내용은 측정하지 않는다.

③ 측정항목의 모호성을 제거한다.

④ 측정항목의 수를 늘린다.

44 외적타당도를 저해하는 요소에 관한 설명이 아닌 것은?

① 측정도구나 관찰자에 따라 측정이 달라질 수 있다.

② 측정 자체가 실험대상자들의 행동을 변화시킬 수 있다.

③ 실험대상자 선정에서 오는 편향과 독립변수 간에 상호작용이 있을 수 있다.

④ 연구의 결과가 일반화될 수 있는가의 여부는 표집뿐만 아니라 생태학적 상황
에 의해서도 결정될 수 있다.

43 ①

① 측정도구 자체가 측정하고자 하는 개념이나 속성을 어느 정도 정확히 반영할 수 있는가에 대한 부분은 타당도에 해당된다.

신뢰성을 높이는 방법

㉠ 측정항목 수 증가

㉡ 유사하거나 동일한 질문을 2회 이상 실행

㉢ 면접자들의 일관된 면접방식과 태도로 보다 일관성 있는 답변 유도

㉣ 애매모호한 문구사용은 상이한 해석의 가능성을 내포하므로 측정도구의 모호성 제거

㉤ 신뢰성이 인정된 기존의 측정 도구 사용

㉥ 조사대상이 어렵거나 관심 없는 내용일 경우 무성의한 답변으로 예측이 어려운 결과가 돌출하게 되므로 제외

44 ①

외적타당도 저해 요인으로는 ② 조사대상자의 민감성 또는 반응성, ③ 표본의 대표성, ④ 환경과 상황에 따라 나타날 수 있다.

외적타당도

㉠ 개념 : 하나의 실험을 통해 얻은 연구 결과가 결과를 일반화 할 수 있는 정도

㉡ **외적타당도 저해요인**

• 표본의 대표성

• 조사대상자의 민감성 또는 반응성

• 환경과 상황

㉢ **외적타당도 저해요인 통제 방법** : 무작위표본추출방법

45 질적 변수(qualitative variable)와 양적 변수(quantitative variable)에 관한 설명으로 틀린 것은?

① 성별, 종교, 직업, 학력 등을 나타내는 변수는 질적 변수이다.

② 질적 변수에서 양적 변수로의 변환은 거의 불가능하다.

③ 계량적 변수 혹은 메트릭(metric) 변수라고 불리는 것은 양적 변수이다.

④ 양적 변수는 몸무게나 키와 같은 이산변수(discrete variable)와 자동차의 판매대수와 같은 연속변수(continuous variable)로 나누어진다.

45 ④

양적 변수는 몸무게나 키와 같이 실숫값을 취할 수 있는 변수인 연속변수(continuous variable)와 자동차의 판매대수와 같이 셀 수 있는 숫자로 표현되는 변수인 이산변수(discrete variable)로 나누어진다.

 나노해설

질적 변수(qualitative variable)

㉠ 개념 : 숫자로 표시될 수 없는 자료를 말하며, 범주형, 정성적 자료라고도 한다. 막대도표, 원도표로 나타낼 수 있다.

㉡ 종류

- 명목척도 : 측정 대상의 특성을 분류하거나 확인할 목적으로 숫자를 부여하는 척도. 즉, 측정대상의 특성만을 나타내며 양적인 크기를 나타내는 것이 아니기 때문에 산술적인 계산을 할 수 없다
  📷 상표, 성별, 직업, 운동 종목, 학력, 주민등록번호 등
- 서열척도 : 측정 대상 간의 순서를 나타내는 척도로서 범주간의 크기를 나타낼 수 있는 자료의 범주간의 크다, 작다 등의 부등식 표현은 가능하나 연산은 적용할 수 없다. 이들 자료로부터 중위수, 순위상관계수, 평균 등의 통계량을 구할 수 없다.
  📷 교육수준, 건강상태(양호, 보통, 나쁨), 성적(상, 중, 하), 선호도(만족, 보통, 불만족) 등

※ **양적 변수(quantitative variable)**

㉠ 개념 : 숫자로 표현되어 있는 자료를 말하며, 자료의 속성이 그대로 반영된다. 계량적, 정량적 자료라고도 하며, 도수분포표 등으로 나타낼 수 있다.

㉡ 자료 형태에 따른 종류

- 이산형 자료 : 각 가구의 자녀수, 1년 동안 발생하는 교통사고의 건수, 각 가정의 자동차 보유수와 같이 정수만 갖는 변수이다. 다시 말하면 셀 수 있는 숫자로 표현되는 변수이다.
- 연속형 자료 : 학생의 신장, 체중, 건전지의 사용 시간 등과 같이 실숫값을 취할 수 있는 변수이다.

㉢ 자료 특성에 따른 종류

- 등간 자료 : 측정 대상이 갖고 있는 속성의 양적인 차이를 나타내며, 해당 속성이 전혀 없는 절대적 0점이 존재하지 않으므로 비율의 의미를 가지지 못한다. 이들 자료로부터 평균값, 표준편차, 상관계수 등을 구할 수 있다.
  📷 섭씨온도, 화씨온도, 물가지수, 생산지수 등
- 비율 자료(ratio data) : 구간 척도가 갖는 특성에 추가로 절대적 0점이 존재하여 비율 계산이 가능한 척도이다.
  📷 키, 몸무게, 전구의 수명, 임금, 시험 점수, 압력, 나이 등

46 확률표집방법에 해당하지 않는 것은?

① 체계적표집(systematic sampling)

② 군집표집(cluster sampling)

③ 할당표집(quota sampling)

④ 층화표집(stratified random sampling)

47 자료에 대한 통계분석 방법 결정시 가장 중요하게 고려해야 할 측정의 요소는?

① 신뢰도   ② 타당도

③ 측정방법   ④ 측정수준

48 측정 오차에 관한 설명으로 틀린 것은?

① 체계적 오차는 사회적 바람직성 편견, 문화적 편견과 관련이 있다.

② 비체계적 오차는 일관적 영향 패턴을 가지지 않고 측정을 일관성 없게 만든다.

③ 측정의 신뢰도는 체계적 오차와 관련성이 크고, 측정의 타당도는 비체계적 오차와 관련성이 크다.

④ 측정의 오차를 피하기 위해 간과했을 수도 있는 편견이나 모호함을 찾아내기 위해 동료들의 피드백을 얻는다.

46 ③

할당표집은 비확률표본추출 방법에 해당한다.

 나노해설

확률표본추출 종류

- ㉠ **무작위표본추출** : 모집단 내에서 무작위로 추출하는 방법
- ㉡ **체계적 표본**(=계통표본추출) : 모집단으로부터 임의로 첫 번째 추출 단위를 추출하고 두 번째부터는 일정한 간격을 기준으로 표본을 추출하는 방법
- ㉢ **층화표본추출** : 모집단을 일정 기준으로 층을 나눈 다음 각 층에서 표본을 추출하는 방법
- ㉣ **군집표본추출** : 모집단의 대상을 직접 추출하지 않고 모집단을 여러 군집(cluster)으로 묶어 이 군집을 표본으로 추출하여 군집 내 대상자들을 조사하는 방법

※ **비확률표본추출 종류**

- ㉠ **편의표본추출** : 임의로 선정한 지역과 시간대에 조사자가 원하는 대상자를 표본으로 선택하는 방법
- ㉡ **판단표본추출** : 조사 내용을 잘 알고 있거나 모집단의 의견을 잘 반영할 수 있을 것이라 판단되는 대상자 또는 집단을 표본으로 선택하는 방법
- ㉢ **할당표본추출** : 미리 정해진 기준에 의해 전체 집단을 소집단으로 구분하고 각 집단별 필요한 대상자를 추출하는 방법
- ㉣ **눈덩이**(=스노우볼)**추출** : 이미 참가한 대상자들에게 그들이 알고 있는 사람들을 가운데 추천을 받아 선정하는 방법

47 ④

측정수준은 명목척도, 서열척도, 등간척도, 비율척도에 따라 통계분석 방법이 결정된다.

48 ③

③ 측정의 신뢰도는 비체계적 오류와 관련성이 크고, 측정의 타당도는 체계적 오류와 관련성이 크다.

 나노해설

측정 오류

㉠ **체계적 오류**
- 자연적이고 인위적으로 지식, 신분 등 여러 요인들이 작용하여 측정 결과에 영향을 미치는 오차
- 측정의 타당도와 관련된 개념

㉡ **비체계적 오류**
- 우연적이고 가변적인 일시적 상황에 의하여 측정 결과에 영향을 미치는 오차
- 측정의 신뢰도와 관련된 개념

49 개념적 정의에 대한 설명으로 틀린 것은?

① 순환적인 정의를 해야 한다.

② 적극적 혹은 긍정적인 표현을 써야 한다.

③ 정의하려는 대상이 무엇이든 그것만의 특유한 요소나 성질을 직시해야 한다.

④ 뜻이 분명해서 누구나 알아들을 수 있는 의미를 공유하는 용어를 써야 한다.

50 다음 (　　) 안에 들어갈 알맞은 것은?

> 체계적 표집(계통표집)을 이용하여 5,000명으로 구성된 모집단으로부터 100명의 표본을 구하기 위해서는 먼저 1과 (A) 사이에서 무작위로 한 명의 표본을 선정한 후 첫 번째 선정된 표본으로부터 모든 (B)번째 표본을 선정한다.

① A : 50, B : 50

② A : 10, B : 50

③ A : 100, B : 50

④ A : 100, B : 100

51 표본의 크기에 관한 설명으로 틀린 것은?

① 표본의 크기는 전체적인 조사목적, 비용 등을 감안하여 결정한다.

② 부분집단별 분석이 필요한 경우에는, 표본의 수를 작게 하는 대신 무응답을 줄이려고 노력한다.

③ 일반적으로 표본의 크기가 증가할수록 표본오차의 크기는 감소한다.

④ 비확률 표본추출법의 경우 표본의 크기와 표본오차와는 무관하다.

49 ①

순환적 정의는 A를 정의할 때, B를 사용하고, B를 정의할 때, A를 사용하는 것처럼 자기 자신을 이용하여 정의하는 것을 의미한다. 따라서 정의할 때에는 순환적 정의는 피해야 한다.

 나노해설

개념적 정의와 조작적 정의
㉠ **개념적 정의** : 추상적 수준 정의
㉡ **조작적 정의**
• 객관적이고 경험적으로 기술하기 위한 정의
• 측정 가능한 형태로 변화

50 ①

계통표집은 전 모집단의 대상이 표본에 추출될 수 있도록 $k(= N/n)$를 설정한 후에 k번째마다 대상을 추출하는 것으로 5,000명 중 100명의 표본을 구하기 위해서는 $k = 5,000/100 = 50$이다.

 나노해설

계통적 표본추출
㉠ **의의** : 모집단의 구성을 일정한 순서에 관계없이 배열한 후 일정 간격으로 추출해 내는 방법으로 단순 무작위표본추출의 한 방법이다.
㉡ **표본추출과정**
• 표본추출간격(N/n)을 결정한다
• 첫 번째 표본을 무작위표본추출로 추출한다
• 나머지 표본들은 결정된 간격으로 동일하게 추출된다.

51 ②

② 표본크기가 클수록 표본오차는 작아지고 표본크기가 작으면 표본의 분산이 커져 표본오차가 높아지기 때문에 표본의 수를 작게 하는 것은 적절하지 않다.

52 척도와 지수에 관한 설명으로 옳지 않은 것은?

① 지수는 개별적인 속성들에 할당된 점수들을 합산하여 구한다.

② 척도는 속성들 간에 존재하고 있는 강도(intensity) 구조를 이용한다.

③ 지수는 척도보다 더 많은 정보를 제공해준다.

④ 척도와 지수 모두 변수에 대한 서열측정이다.

53 변수에 관한 설명으로 가장 거리가 먼 것은?

① 변수는 연구대상의 경험적 속성을 나타내는 개념이다.

② 인과적 조사연구에서 독립변수란 종속변수의 원인으로 추정되는 변수이다.

③ 외재적 변수는 독립변수와 종속변수와의 관계에 개입하면서 그 관계에 영향을 미칠 수 있는 제3의 변수이다.

④ 잠재변수와 측정변수는 변수를 측정하는 척도의 유형에 따른 것이다.

54 다음 사례에서 사용한 표집방법은?

> 앞으로 10년간 우리나라의 경제상황을 예측하기 위하여, 경제학 전공교수 100명에게 설문조사를 실시하였다.

① 할당표집 ② 판단표집

③ 편의표집 ④ 눈덩이표집

52 ③

지수란 다수의 지표를 양적으로 측정 가능한 수치로 표현한 것이며, 척도는 기호나 숫자로 자료를 양화시키는 것으로 지수보다는 척도가 더 많은 정보를 제공한다.

척도와 지수

㉠ **척도**
- **개념** : 자료를 양화시키기 위하여 사용되는 일종의 측정도구로써 일정한 규칙에 입각하여 측정대상에 적용되도록 만들어진 연속선상에 표시된 기호나 숫자의 배열을 말한다.
- **종류** : 명목척도, 서열척도, 등간척도, 비율척도

㉡ **지수**
- **개념** : 다수의 지표를 양적으로 측정 가능한 수치로 표현한 것을 말한다.
- **특징** : 직접적으로 측정하기 힘든 조사대상 개념들을 간접적으로 측정할 수 있게 해주며, 복잡한 개념을 나타낼 수 있어서 자료의 복잡성을 감소시킨다.

53 ④

④ 잠재변수는 직접적으로 관찰되거나 측정되지 않은 변수로 척도 유형을 따르지 않는다.

변수

㉠ **개념** : 변인이라고 불리며, 일정 범위의 값 중 어떤 값이라도 취할 수 있는 개념이다.

㉡ **종류**
- **독립변수** : 실험에서 자극을 주는 변수로 어떤 것의 원인이 되는 변수라 하여 원인변수임
- **종속변수** : 자극에 대한 반응이나 결과를 나타내는 변수로 영향을 받는 변수라 하여 결과변수임
- **매개변수** : 종속변수에 영향을 미치기 위하여 독립변수가 작용하는 시점과 독립변수가 종속변수에 영향을 미치는 시점의 중간에 나타나는 변수
- **조절변수** : 독립변수와 종속변수 사이에 강하면서도 불확정적인 영향을 미치는 변수
- **외생변수** : 종속변수에 대해 예측, 통제가 불가능한 방식으로 영향을 미치는 변수

54 ②

판단표집은 조사 내용을 잘 알고 있거나 모집단의 의견을 잘 반영할 수 있을 것이라 판단되는 대상자 또는 집단(=경제학 전공교수 100명)을 표본으로 선택하는 방법이다.

55 특정한 구성개념이나 잠재변수의 값을 측정하기 위해 측정할 내용이나 측정방법을 구체적으로 정확하게 표현하고 의미를 부여하는 것은?

① 구성적 정의(constitutive definition)

② 조작적 정의(operational definition)

③ 개념화(conceptualization)

④ 패러다임(paradigm)

56 다음 표본추출방법 중 표집오차의 추정이 확률적으로 가능한 것은?

① 할당표집   ② 판단표집

③ 편의표집   ④ 단순무작위표집

55 ②

조작적 정의는 특정한 구성개념이나 잠재변수의 값을 측정하기 위해 측정할 내용이나 측정방법을 구체적으로 정확하게 표현하고 의미를 부여하는 정의이다.

 나노해설

① **구성적 정의** : 가설화된 관계에 들어가는 각 변수에 정확한 언어적 의미를 부여하는 정의
② **조작적 정의** : 특정한 구성개념이나 잠재변수의 값을 측정하기 위해 측정할 내용이나 측정방법을 구체적으로 정확하게 표현하고 의미를 부여하는 정의
③ **개념화** : 물체나 대상 또는 그 물체의 특성을 설명, 예측이 가능하도록 해주는 것
④ **패러다임** : 한 시대의 사람들이 가지고 있는 공유된 신념이나 사고 등에 대한 이론적 틀이나 개념의 집합체

56 ④

확률표본추출방법의 경우 표집오차를 확률적으로 추정 가능하다. 단순무작위표집은 확률표본추출방법이며, 나머지(할당표집, 판단표집, 편의표집)은 비확률표본추출방법에 해당된다.

 나노해설

확률표본추출의 종류
㉠ **무작위표본추출** : 모집단 내에서 무작위로 추출하는 방법
㉡ **계통추출** : 모집단으로부터 임의로 첫 번째 추출 단위를 추출하고 두 번째부터는 일정한 간격을 기준으로 표본을 추출하는 방법
㉢ **층화표본추출** : 모집단을 일정 기준으로 층을 나눈 다음 각 층에서 표본을 추출하는 방법
㉣ **군집표본추출** : 모집단의 대상을 직접 추출하지 않고 모집단을 여러 군집(cluster)으로 묶어 이 군집을 표본으로 추출하여 군집 내 대상자들을 조사하는 방법
※ **비확률표본추출의 종류**
  ㉠ **편의표본추출** : 임의로 선정한 지역과 시간대에 조사자가 원하는 대상자를 표본으로 선택하는 방법
  ㉡ **판단표본추출** : 조사 내용을 잘 알고 있거나 모집단의 의견을 잘 반영할 수 있을 것이라 판단되는 대상자 또는 집단을 표본으로 선택하는 방법
  ㉢ **할당표본추출** : 미리 정해진 기준에 의해 전체 집단을 소집단으로 구분하고 각 집단별 필요한 대상자를 추출하는 방법
  ㉣ **눈덩이(=스노우볼)추출** : 이미 참가한 대상자들에게 그들이 알고 있는 사람들 가운데 추천을 받아 선정하는 방법

57 표집에서 가장 중요한 요인은?

① 대표성과 경제성　　　　　② 대표성과 신속성

③ 대표성과 적절성　　　　　④ 정확성과 경제성

58 측정도구의 신뢰도 검사방법에 관한 설명으로 옳지 않은 것은?

① 검사–재검사법(test–retest method)은 측정대상이 동일하다.

② 복수양식법(parallel–forms method)은 측정도구가 동일하다.

③ 반분법(split–half method)은 측정도구의 문항을 양분한다.

④ 크론바흐 알파(Cronbach's alpha) 계수는 0에서 1 사이의 값을 가지며, 값이 높을수록 신뢰도가 높다.

59 실험에서 인과관계를 추론하기 위해서 서로 다른 값을 갖도록 처치를 하는 변수는?

① 외적변수　　　　　　　　② 종속변수

③ 매개변수　　　　　　　　④ 독립변수

57 ③

표집(=표본)은 모집단을 잘 대표하고 있어야 하며(=대표성), 일정하고 정확(=적절성)하게 선정하는 것이 중요하다.

 나노해설

표본추출의 대표성 … 표본과 모집단의 특성이 비슷하며 우연성이 적고 모집단을 대표한 일반화가 가능하도록 추출된 표본은 대표성이 있다고 본다.

※ **표본크기 결정** … 모집단으로부터 뽑는 표출단위의 수를 적절한 개수로 정하는 문제로서 표본은 표본의 크기와 관계없이 그 모집단을 올바르게 대표할 수 있어야 한다.

58 ②

② 복수양식법은 유사한 형태의 두 개 이상의 측정도구로 동일한 측정대상에게 적용한 측정값을 비교하는 검사방법이다.

 나노해설

① **검사-재검사법** : 동일한 측정도구로 동일한 측정대상을 두 번 측정하여 측정값을 비교하는 방법
② **복수양식법** : 유사한 형태의 두 개 이상의 측정도구를 사용하여 동일한 측정대상에 적용하여 측정값을 비교하는 방법
③ **반분법** : 같은 내용을 표현만 달리하는 문항을 둘씩 만들어서, 그 문항에 대한 두 응답 결과를 비교하는 방법

59 ④

독립변수는 종속변수에 영향을 미치는 변수이며, 인과관계를 추론하기 위해 연구자의 조작이 가능한 변수이다.

 나노해설

변수의 종류

㉠ **독립변수**(independent variable) : 종속변수에 영향을 미치는 변수이며, 연구자의 조작이 가능한 변수[동의어 : 원인변수(reason variable), 설명변수(explanatory variable), 예측변수(predictor)]
㉡ **종속변수**(dependent variable) : 회귀분석을 통해 예측하고자 하는 변수이며, 독립변수에 의해 값이 결정되는 변수[동의어 : 결과변수(result variable), 반응변수(response variable)]
㉢ **억제변수** : 독립, 종속변수 사이에 실제로는 인과관계가 있으나 없도록 나타나게 하는 제3변수
㉣ **왜곡변수** : 독립, 종속변수 간의 관계를 정반대로의 관계로 나타나게 하는 제3변수
㉤ **구성변수** : 포괄적 개념을 구성하는 하위변수
㉥ **외재적 변수**(=외생변수) : 독립변수 외에 종속변수에 영향을 주는 변수
㉦ **매개변수** : 독립변수와 종속변수 사이에서 독립변수의 결과인 동시에 종속변수의 원인이 되는 변수
㉧ **조절변수** : 독립변수가 종속변수에 미치는 영향을 강화해 주거나 약화해 주는 변수를 의미한다.
㉨ **통계변수** : 외재적 변수의 일종으로 그 영향을 검토하지 않기로 한 변수

60 사회조사에서 발생하는 측정오차의 원인과 가장 거리가 먼 것은?

① 조사의 목적

② 측정대상자의 상태 변화

③ 환경적 요인의 변화

④ 측정도구와 측정대상자의 상호작용

60 ①

① 조사목적이 측정오차의 원인이라고 보기는 어렵다.

 나노해설

측정오차의 원인

㉠ 측정도구에 의한 오차
㉡ 측정대상자에 의한 오차
㉢ 환경적 요인에 의한 오차
㉣ 원인을 규명할 수 없는 오차

61 어느 회사에서는 두 공장 A와 B에서 제품을 생산하고 있다. 각 공장에서 8개와 10 개의 제품을 임의로 추출하여 수명을 조사한 결과 다음의 결과를 얻었다.

> A 공장 제품의 수명 : 표본평균=122, 표본표준편차=22
> B 공장 제품의 수명 : 표본평균=120, 표본표준편차=18

다음과 같은 $t-$검정통계량을 사용하여 두 공장 제품의 수명에 차이가 있는지를 검정하고자 할 때, 필요한 가정이 아닌 것은?

> $$검정통계량 : t = \frac{122-120}{\sqrt{\left(\dfrac{7 \times 22^2 + 9 \times 18^2}{16}\right) \times \left(\dfrac{1}{8} + \dfrac{1}{10}\right)}}$$

① 두 공장 A, B의 제품의 수명은 모두 정규분포를 따른다.
② 공장 A의 제품에서 임의추출한 표본과 공장 B의 제품에서 임의추출한 표본은 서로 독립이다.
③ 두 공장 A, B에서 생산하는 제품 수명의 분산은 동일하다.
④ 두 공장 A, B에서 생산하는 제품 수명의 중위수는 같다.

61 ④

30개 미만의 소표본 자료의 두 집단 비교를 위한 t 검정을 위해서는 ① 정규분포를 따르며, ② 독립이며, ③ 등분산을 만족한다는 가정을 따라야 한다. 이 때 중위수는 가정에 포함되지 않는다.

두 모집단평균의 가설검정(소표본의 경우, $n \leq 30$)

㉠ 두 모집단의 분포는 정규분포를 따르며 두 모집단의 분산은 서로 같다는 가정하에 가설검정이 가능하다.

㉡ 검정통계량 $t = \dfrac{(\overline{X_1} - \overline{X_2}) - \mu_0}{s_p \sqrt{\dfrac{1}{n_1} + \dfrac{1}{n_2}}}$

- $\mu_0 = \mu_1 - \mu_2$

- $s_p = \sqrt{\dfrac{(n_1 - 1)s_1^2 + (n_2 - 1)s_2^2}{n_1 + n_2 - 2}}$

62 이라크 파병에 대한 여론조사를 실시했다. 100명을 무작위로 추출하여 조사한 결과 56명이 파병에 대해 찬성했다. 이 자료로부터 파병을 찬성하는 사람이 전 국민의 과반수 이상이 되는지를 유의수준 5%에서 통계적 가설검정을 실시했다. 다음 중 옳은 것은?

$$[P(|Z| > 1.64) = 0.10, \ P(|Z| > 1.96) = 0.05, \ P(|Z| > 2.58) = 0.01)]$$

① 찬성률이 전 국민의 과반수 이상이라고 할 수 있다.
② 찬성률이 전 국민의 과반수 이상이라고 할 수 없다.
③ 표본의 수가 부족해서 결론을 얻을 수 없다.
④ 표본의 과반수이상이 찬성해서 찬성률이 전 국민의 과반수 이상이라고 할 수 있다.

63 다음 ( )에 들어갈 분석방법으로 옳은 것은?

독립변수(X) / 종속변수(Y)	범주형 변수	연속형 변수
범주형 변수	(㉠)	
연속형 변수	(㉡)	(㉢)

① ㉠ : 교차분석, ㉡ : 분산분석, ㉢ : 회귀분석
② ㉠ : 교차분석, ㉡ : 회귀분석, ㉢ : 분산분석
③ ㉠ : 분산분석, ㉡ : 분산분석, ㉢ : 회귀분석
④ ㉠ : 회귀분석, ㉡ : 회귀분석, ㉢ : 분산분석

62 ②

비율에 대한 검정

$H_0 : p_0$(찬성률)$=0.5$, $H_1 : p_0$(찬성률)> 0.5

$\hat{p}= \dfrac{56}{100}$, $p_0 = 0.5$, $q_0 =(1-p_0)=1-0.5 = 0.5$

$Z= \dfrac{\hat{p}-p_0}{\sqrt{\dfrac{p_0 q_0}{n}}}= \dfrac{0.56-0.5}{\sqrt{\dfrac{0.5 \times 0.5}{100}}}= \dfrac{0.06}{0.05}= 1.2$

따라서 검정량은 1.2로 유의수준 5%에서의 기각역 $1.96[P(|Z| > 1.96) = 0.05]$보다 작으므로 귀무가설을 기각할 수 없다. 즉, 찬성률이 전 국민의 과반수 이상이라고 할 수 없다.

63 ①

독립변수(X)	종속변수(Y)	분석방법
범주형 변수	범주형 변수	㉠ 교차분석
범주형 변수	연속형 변수	㉡ 분산분석
연속형 변수	연속형 변수	㉢ 회귀분석

64 다음 중 유의확률(p-value)에 대한 설명으로 틀린 것은?

① 주어진 데이터와 직접적으로 관계가 있다.

② 검정통계량이 실제 관측된 값보다 대립가설을 지지하는 방향으로 더욱 치우칠 확률로서 귀무가설 하에서 계산된 값이다.

③ 유의확률이 작을수록 귀무가설에 대한 반증이 강한 것을 의미한다.

④ 유의수준이 유의확률보다 작으면 귀무가설을 기각한다.

65 변수 x와 y에 대한 n개의 자료 $(x_1, y_1), \cdots, (x_n, y_n)$에 대하여 단순회귀모형 $y_1 = \beta_0 + \beta_1 x_i + \epsilon_i$를 적합시키는 경우, 잔차 $e_i = y_i - \hat{y_i}(i = 1, \cdots, n)$에 대한 성질이 아닌 것은?

① $\sum_{i=1}^{n} e_i = 0$

② $\sum_{i=1}^{n} e_i x_i = 0$

③ $\sum_{i=1}^{n} y_i e_i = 0$

④ $\sum_{i=1}^{n} \hat{y_i} e_i = 0$

64 ④

① 유의확률은 주어진 데이터를 기반으로 계산한다.

② 검정통계량은 귀무가설이 사실이라는 가정 하에서 계산된다.

③ 유의확률이 작을수록 귀무가설을 더욱 강하게 기각할 수 있다.

④ 유의수준(α)이 유의확률(p값)보다 작으면(=유의수준보다 유의확률이 크면) 귀무가설을 기각하지 못한다.

 나노해설

유의확률

㉠ **유의수준(α)** : 귀무가설의 값이 참일 경우 이를 기각할 확률의 허용한계

㉡ **유의확률($p-$value)** : 표본을 토대로 계산한 검정통계량. 귀무가설 H0가 사실이라는 가정하에 검정통계량보다 더 극단적인 값이 나올 확률

㉢ **p값을 이용한 가설검정**

• p값$<\alpha$ 이면 귀무가설 H_0를 기각. 대립가설 H_1을 채택

• p값$\geq\alpha$ 이면 귀무가설 H_0를 기각하지 못한다.

65 ③

잔차의 성질

㉠ 잔차의 합 : $\sum_{i=1}^{n} e_i = 0$

㉡ 잔차들의 x_i, $\widehat{y_i}$에 대한 가중합 : $\sum_{i=1}^{n} x_i e_i = 0$, $\sum_{i=1}^{n} \widehat{y_i} e_i = 0$

66 확률분포에 대한 설명으로 틀린 것은?

① X가 연속형 균일분포를 따르는 확률변수일 때, $P(X=x)$는 모든 x에서 영 (0)이다.

② 포아송 분포의 평균과 분산은 동일하다.

③ 연속확률분포의 확률밀도함수 $f(x)$와 x축으로 둘러싸인 부분의 면적은 항상 1이다.

④ 정규분포의 표준편차 σ는 음의 값을 가질 수 있다.

67 시험을 친 학생 중 국어합격자는 50%, 영어합격자는 60%이며, 두 과목 모두 합격 한 학생은 15%라고 한다. 이때 임의로 한 학생을 뽑았을 때, 이 학생이 국어에 합 격한 학생이라면 영어에도 합격했을 확률은?

① 10%   ② 20%

③ 30%   ④ 40%

66 ④

① 연속형 확률변수가 임의의 특정값을 가질 확률은 0이다.

② 포아송 분포의 기댓값 $E(X) = \lambda = np$, 분산 $Var(X) = \lambda = np$로 동일하다.

③ 연속확률분포의 면적은 확률이 되므로 전체 면적은 항상 1이다.

④ 표준편차는 퍼짐정도를 나타내는 것으로 음수가 될 수 없다.

67 ③

$$P(영어\,합격\,|\,국어\,합격) = \frac{P(영어\,합격 \cap 국어\,합격)}{P(국어\,합격)} = \frac{0.15}{0.5} = 0.3$$

조건부 확률(conditional probability) ··· 하나의 사건 A가 발생한 상태에서 또 다른 어떤 사건 B가 발생할 확률로 사건 A가 일어나는 조건하에 사건 B가 일어날 확률이다.

㉠ 두 사건이 서로 종속적일 경우

$$P(B\,|\,A) = \frac{P(A \cap B)}{P(A)}$$

㉡ 두 사건이 서로 독립적일 경우

$$P(A\,|\,B) = P(A),\ P(B\,|\,A) = P(B)$$

68 피어슨 상관계수에 관한 설명으로 옳은 것은?

① 두 변수가 곡선관계가 되었을 때 기울기를 의미한다.

② 두 변수가 모두 질적변수일 때만 사용한다.

③ 상관계수가 음일 경우는 어느 한 변수가 커지면 다른 변수도 커지려는 경향이 있다.

④ 단순회귀분석에서 결정계수의 제곱근은 반응변수와 설명변수의 피어슨 상관계수이다.

68 ④

① 두 변수가 직선관계가 되었을 때 기울기를 의미한다.

② 두 변수가 모두 양적변수일 때만 사용한다.

③ 상관계수가 음일 경우는 어느 한 변수가 커지면 다른 변수는 작아지는 경향이다.

피어슨(pearson) 상관계수(r)

㉠ **정의** : 측정 대상이나 단위에 상관없이 두 변수 사이의 일관된 선형관계를 나타내주는 지표

㉡ **상관계수(r)의 특징**

- $-1 \leq r \leq 1$
- 상관계수 절댓값이 0.2 이하일 경우 약한 상관관계
- 상관계수 절댓값이 0.6 이상일 경우 강한 상관관계
- 상관계수 값이 0에 가까우면 무상관

㉢ **상관계수의 확장 개념**

- 상관계수는 선형관계를 나타내는 지표로서 두 변수 간의 직선관계의 정도와 방향성을 측정할 수 있다.
- 두 변수의 관계에 있어서 서로 상관성이 없으면 상관계수는 0에 가까우나 상관계수가 0에 가깝다고 해서 반드시 두 변수 간의 관계가 상관성이 없다고는 말할 수 없다.

69 두 변수 간의 상관계수에 대한 설명 중 틀린 것은?

① 한 변수의 값이 일정할 때 상관계수는 0이 된다.

② 한 변수의 값이 다른 변수값보다 항상 100만큼 클 때 상관계수는 1이 된다.

③ 상관계수는 변수들의 측정단위에 따라 변할 수 있다.

④ 상관계수가 0일 때는 두 변수의 공분산도 0이 된다.

69 ③

① 상관계수는 두 변수의 선형관계를 의미하는 것이므로 한 변수의 값이 일정하면 선형의 증감이 없기 때문에 상관계수는 0에 해당된다.

② 상관계수는 하나의 변수가 증가(또는 감소)할 때 다른 하나의 변수가 증가(또는 감소)하는지를 확인하는 것이므로 한 변수의 값이 다른 변수값보다 항상 100만큼 크다는 것은 하나의 변수가 증가할 때 다른 하나의 변수도 정확히 증가하는 것에 해당되므로 상관계수는 1에 해당된다.

③ 상관계수는 측정단위와는 무관하다.

④ 상관계수 $r = \dfrac{X와\ Y의\ 공분산}{X와\ Y의\ 표준편차}$ 이므로 상관계수가 0이면 공분산도 0이다.

상관관계의 형태

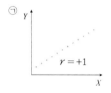

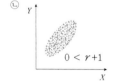

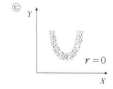

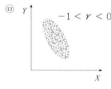

70 단순회귀모형 $Y_i = \alpha + \beta x_i + \epsilon_i$ $(i = 1, 2, \cdots, n)$을 적합하여 다음을 얻었다.

$\displaystyle\sum_{i=1}^{n}(y_i - \hat{y_i})^2 = 200$, $\displaystyle\sum_{i=1}^{n}(\hat{y_i} - \bar{y})^2 = 300$일 때 결정계수 r^2을 구하면? (단, $\hat{y_i}$는 i번째 추정값을 나타낸다)

① 0.4   ② 0.5

③ 0.6   ④ 0.7

70 ③

- 설명되지 않는 변동$(SSE) = \sum_{i=1}^{n}(y_i - \hat{y_i})^2 = 200$

- 설명되는 변동$(SSR) = \sum_{i=1}^{n}(\hat{y_i} - \overline{y})^2 = 300$

- 총변동 $SST = SSR + SSE = 300 + 200 = 500$

- 결정계수$(R^2) = \dfrac{SSR}{SST} = \dfrac{300}{500} = 0.6$

 나노해설

분산분석표

변동의 원인	변동	자유도	평균변동	F
회귀	SSR	1	$MSR = SSR/1$	
잔차	SSE	$n-2$	$MSR = SSE/n-2$	MSR/MAE
총변동	SST	$n-1$		

회귀직선이 유효한지에 대한 검정은 위의 분산분석표에 의거해서 F검정을 실시한다.

- 총변동$(SST) = SSR + SSE = \sum_{i=1}^{n}(Y_i - \overline{Y})^2$

- 설명되는 변동$(SSR) = \sum_{i=1}^{n}(\widehat{Y_i} - \overline{Y})^2$

- 설명되지 않는 변동$(SSE) = \sum_{i=1}^{n}(Y_i - \widehat{Y_i})^2$

- 결정계수$(R^2) = \dfrac{SSR}{SST} = 1 - \dfrac{SSE}{SST}$

71 비가 오는 날은 임의의 한 여객기가 연착할 확률이 1/10이고, 비가 안 오는 날은 여객기가 연착할 확률이 1/500이다. 내일 비가 올 확률이 2/5일 때, 비행기가 연착할 확률은?

① 0.06

② 0.056

③ 0.052

④ 0.048

71 ③
- 내일 비가 와서 여객기가 연착할 확률
= 내일 비가 올 확률×비오는 날 여객기가 연착할 확률
= 2/5 × 1/10 = 0.04
- 내일 비가 오지 않아도 여객기가 연착할 확률
= 내일 비가 오지 않을 확률×비가 안 오는 날 여객기가 연착할 확률
= 3/5 × 1/50 = 0.012
- 최종 비행기가 연착할 확률
= 내일 비가 와서 여객기가 연착할 확률 + 내일 비가 오지 않아도 여객기가 연착할 확률
= 0.04 + 0.012 = 0.052

 나노해설

덧셈법칙
㉠ 임의의 두 사건 A와 B가 주어졌을 때(두 사건이 상호배타적이지 않다)

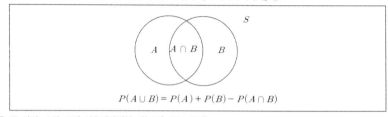

$$P(A \cup B) = P(A) + P(B) - P(A \cap B)$$

② 두 사건 A와 B가 상호배타적일 때(A와 B는 독립)

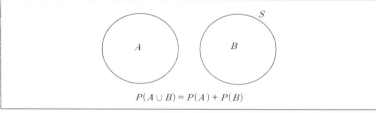

$$P(A \cup B) = P(A) + P(B)$$

※ **곱셈법칙**
㉠ 두 사건 A와 B가 동시에 일어날 수 있을 때(독립사건이 아닐 때)

$$P(A \cap B) = P(A) \cdot P(B|A)$$

㉡ 두 사건 A와 B가 독립사건인 경우

$$P(A \cap B) = P(A) \cdot P(B)$$

72 성공확률이 0.5인 베르누이 시행을 독립적으로 10회 반복할 때, 성공이 1회 발생할 확률 A와 성공이 9회 발생할 확률 B 사이의 관계는?

① A < B

② A = B

③ A > B

④ A + B = 1

73 왜도가 0이고 첨도가 3인 분포의 형태는?

① 좌우 대칭인 분포

② 왼쪽으로 치우친 분포

③ 오른쪽으로 치우친 분포

④ 오른쪽으로 치우치고 뾰족한 모양의 분포

74 단순회귀모형 $Y_i = \beta_0 + \beta_1 x_i + \epsilon_i, \ \epsilon_i \sim N(\sigma, \sigma^2)$에 관한 설명으로 틀린 것은?

① ϵ_i들은 서로 독립인 확률변수이다.

② Y는 독립변수이고 x는 종속변수이다.

③ $\beta_0, \ \beta_1, \ \sigma^2$은 회귀모형에 대한 모수이다.

④ 독립변수가 종속변수의 기댓값과 직선 관계인 모형이다.

72 ②

- 성공이 1회 발생할 확률 $A = {}_{10}C_1(0.5)^1(0.5)^{10-1} = \dfrac{10}{1}(0.5)^1(0.5)^9 = 10 \times (0.5)^{10}$

- 성공이 9회 발생할 확률 $B = {}_{10}C_9(0.5)^9(0.5)^{10-9} = \dfrac{10 \times \cdots \times 9}{1 \times \cdots \times 9}(0.5)^9(0.5)^1 = 10 \times (0.5)^{10}$

따라서 $A = B$이다.

 나노해설

이항분포의 확률함수

$$P(X = x) = {}_cC_x \cdot p^x \cdot q^{n-x}$$

- ${}_nC_x = \dfrac{n!}{(n-x)!x!}$
- $q = 1 - p$

73 ①

정규분포(좌우 대칭인 분포)인 경우, 왜도가 0이고 첨도가 3인 분포의 형태이다.

74 ②

② 독립변수는 원인변수, x에 해당되며, 종속변수는 결과변수, Y에 해당된다.

 나노해설

독립변수와 종속변수

㉠ **독립변수**(independent variable) : 종속변수에 영향을 미치는 변수이며, 연구자의 조작이 가능한 변수[동의어 : 원인변수(reason variable), 설명변수(explanatory variable)]

㉡ **종속변수**(dependent variable) : 회귀분석을 통해 예측하고자 하는 변수이며, 독립변수에 의해 값이 결정되는 변수[동의어 : 결과변수(result variable), 반응변수(response variable)]

75 성공률이 p인 베르누이 시행을 4회 반복하는 실험에서 성공이 일어난 횟수 X의 표준편차는?

① $2\sqrt{p(1-p)}$

② $2p(1-p)$

③ $\sqrt{p(1-p)}/2$

④ $p(1-p)/2$

76 평균이 μ이고 분산이 σ^2인 임의의 모집단에서 확률표본 $X_1, X_2, \cdots, X_n$을 추출하였다. 표본평균 $\overline{X}$에 대한 설명으로 틀린 것은?

① $E(\overline{X}) = \mu$이다.

② $V(\overline{X}) = \dfrac{\sigma^2}{n}$이다.

③ n이 충분히 클 때, $\overline{X}$의 근사분포는 $N(\mu, \sigma^2)$이다.

④ n이 충분히 클 때, $\dfrac{\overline{X}-\mu}{\sigma/\sqrt{n}}$의 근사분포는 $N(0, 1)$이다.

75 ①

성공률이 p인 베르누이 시행을 n회(=4회) 반복하는 실험은 이항분포를 따르며, 이때 평균은 $np = 4p$이며, 분산은 $np(1-p) = 4p(1-p)$ 이므로 표준편차는 $\sqrt{4p(1-p)} = 2\sqrt{p(1-p)}$ 이다.

이항분포(binomial distribution)
　㉠ **이항실험** : 베르누이 시행과 조건은 동일하면서 이 시행을 n회 반복한다는 조건이 추가될 때, 즉 두개의 결과값을 갖고 각 시행이 다른 시행의 결과에 미치는 영향이 없을 때 이 시행의 전체를 이항실험이라고 한다.
　㉡ **이항분포의 의의** : 베르누이 시행을 반복할 때 특정 사건이 나타날 확률을 p라 하고 확률변수 X를 n번 시행했을 때의 성공 횟수라고 할 경우 X의 확률분포는 시행 횟수 n과 성공률 p로 나타낸다.
　㉢ **이항분포의 기대치와 분산**
　　• 기댓값 : $E(X) = np$
　　• 분산 : $Var(X) = np(1-p)$

76 ③

③ n이 충분히 크면 $\overline{X}$의 근사분포는 $N(\mu, \sigma^2/n)$를 따른다.

중심극한이론 … 평균이 μ이고 표준편차가 σ인 정규분포를 따르는 모집단으로부터 크기가 n인 표본을 취할 때, n의 값에 상관없이 표본평균의 표본분포는 $N(\mu, \sigma^2/n)$를 따른다.

77 다중선형회귀분석에 대한 설명으로 틀린 것은?

① 결정계수는 회귀직선에 의해 종속변수가 설명되어지는 정도를 나타낸다.

② 추정된 회귀식에서 절편은 독립변수들이 모두 0일 때 종속변수의 값을 나타낸다.

③ 회귀계수는 해당 독립변수가 1단위 증가하고 다른 독립변수는 변하지 않을 때, 종속변수의 증가량을 뜻한다.

④ 각 회귀계수의 유의성을 판단할 때는 정규분포를 이용한다.

78 중회귀모형에서 결정계수에 대한 설명으로 옳은 것은?

① 결정계수는 1보다 큰 값을 가질 수 있다.

② 상관계수의 제곱은 결정계수와 동일하다.

③ 설명변수를 통한 반응변수에 대한 설명력을 나타낸다.

④ 변수가 추가될 때 결정계수는 감소한다.

77 ④

④ 각 회귀계수의 유의성은 t 검정을 이용하여 검정한다.

 나노해설

다중회귀분석의 모형식

$$Y_i = \beta_0 + \beta_1 X_{1i} + \beta_2 X_{2i} + \cdots + \beta_k X_{ki} + \epsilon_i$$

78 ③

① 결정계수는 회귀모형식의 설명력을 의미하며, r^2은 $0 \leq r^2 \leq 1$의 범위를 가지므로 1보다 큰 값을 가질 수는 없다.

② 독립변수가 한 개인 회귀모형(=단순회귀모형)의 경우, 상관계수의 제곱이 결정계수와 동일하나 중회귀모형은 독립변수가 2개 이상으로 구성된 회귀모형식이기 때문에 상관계수의 제곱이 결정계수와 동일하지 않을 수 있다.

④ 회귀모형 내에 독립변수의 수가 늘어나면 그 독립변수가 종속변수와 전혀 무관하더라도 결정계수의 값은 증가한다. 따라서 이 경우, 수정된 결정계수를 사용한다.

79 가정 난방의 선호도와 방법에 대한 분할표가 다음과 같다. 난방과 선호도가 독립이 라는 가정 하에서 "가스난방"이 "아주 좋다"에 응답한 셀의 기대도수를 구하면?

선호도 \ 난방방법	기름	가스	기타
아주 좋다	20	30	20
적당하다	15	40	35
좋지 않다	50	20	10

① 26.25
② 28.25
③ 31.25
④ 32.45

80 다음은 어느 한 야구선수가 임의의 한 시합에서 치는 안타수의 확률분포이다. 이 야 구선수가 내일 시합에서 2개 이상의 안타를 칠 확률은?

안타수(x)	0	1	2	3	4	5
$P(X=x)$	0.30	0.15	0.25	0.20	0.08	0.02

① 0.2
② 0.25
③ 0.45
④ 0.55

79 ①

난방 선호도	기름	가스	기타	합
아주 좋다	20	30	20	70
적당하다	15	40	35	90
좋지 않다	50	20	10	80
합	85	90	65	240

"가스난방", "아주 좋다"에 응답한 셀의 기대도수

$$= \frac{\text{행의 합계} \times \text{열의 합계}}{\text{전체 합계}} = \frac{90 \times 70}{240} = 26.25$$

80 ④

$$P(X \geq 2) = 0.25 + 0.20 + 0.08 + 0.02 = 0.55$$

확률의 덧셈법칙

㉠ 임의의 두 사건 A와 B가 주어졌을 때(두 사건이 상호배타적이지 않다)

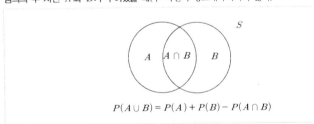

$$P(A \cup B) = P(A) + P(B) - P(A \cap B)$$

㉡ 두 사건 A와 B가 상호배타적일 때(A와 B는 독립)

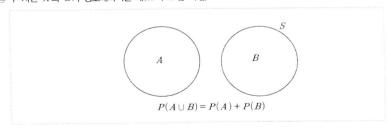

$$P(A \cup B) = P(A) + P(B)$$

81 어느 회사에 출퇴근하는 직원들 500명을 대상으로 이용하는 교통수단을 지하철, 자
가용, 버스, 택시, 지하철과 택시, 지하철과 버스, 기타의 분야로 나누어 조사하였다.
이 자료의 정리방법으로 적합하지 않은 것은?

① 도수분표표 ② 막대그래프

③ 원형그래프 ④ 히스토그램

82 모평균에 대한 신뢰구간의 길이를 1/4로 줄이고자 한다. 표본 크기를 몇 배로 해야
하는가?

① 1/4배 ② 1/2배

③ 2배 ④ 16배

83 다음 중 단위가 다른 두 집단의 자료 간 산포를 비교하는 측도로 가장 적절한 것은?

① 분산 ② 표준편차

③ 변동계수 ④ 표준오차

81 ④

히스토그램은 도수분포를 자료의 범위 내에서 막대그림으로 작성한 것으로 계급폭을 밑변으로 그 계급에 상응하는 자료의 도수를 높이로 하며, 연속형 자료일 때 사용한다. 따라서 교통수단은 연속형 자료가 아닌 범주형 자료이기 때문에 히스토그램이 적절하지 않다.

82 ④

신뢰구간은 $\overline{X} \pm Z \times \dfrac{\sigma}{\sqrt{n}}$ 이므로 신뢰구간 길이는 $2Z \times \dfrac{\sigma}{\sqrt{n}}$ 이다. 따라서 신뢰구간 길이를 $\dfrac{1}{4}$ 로 줄이기 위해서는 $2Z \times \dfrac{\sigma}{\sqrt{n}} \times \dfrac{1}{4} = 2Z \times \dfrac{\sigma}{4\sqrt{n}} = 2Z \times \dfrac{\sigma}{\sqrt{16n}}$ 이므로 표본 크기는 16배 증가한다.

83 ③

단위가 다른 두 집단의 산포는 변동계수로 비교할 수 있다.

> 나노해설

변동계수(coefficient of variation)
ⓐ 표준편차를 산술평균으로 나눈 값으로 산술평균에 대한 표준편차의 상대적 크기
ⓑ 자료가 극심한 비대칭이거나, 측정단위가 다를 때 산포도 비교 시 이용

$$CV = \frac{S}{x} \times (100\%)$$

84 다음은 A병원과 B병원에서 각각 6명의 환자를 상대로 환자가 병원에 도착하여 진료서비스를 받기까지의 대기시간(단위 : 분)을 조사한 것이다. 두 병원의 진료서비스 대기시간에 대한 비교로 옳은 것은?

A병원	17	32	5	19	20	9
B병원	10	15	17	17	23	20

① A병원의 평균 = B병원의 평균
   A병원의 분산 < B병원의 분산

② A병원의 평균 = B병원의 평균
   A병원의 분산 > B병원의 분산

③ A병원의 평균 > B병원의 평균
   A병원의 분산 < B병원의 분산

④ A병원의 평균 < B병원의 평균
   A병원의 분산 > B병원의 분산

84 ②

- A병원 평균(=17) = B병원 평균(=17)
- A병원 분산(=89.2) > B병원 분산(=19.6)
- A병원

$$-평균 = \frac{17 + 32 + 5 + 19 + 20 + 9}{6} = 17$$

$$-분산 = \frac{(17-17)^2 + (32-17)^2 + (5-17)^2 + (19-17)^2 + (20-17)^2 + (9-17)^2}{6-1} = 89.2$$

- B병원

$$-평균 = \frac{10 + 15 + 17 + 17 + 23 + 20}{6} = 17$$

$$-분산 = \frac{(10-17)^2 + (15-17)^2 + (17-17)^2 + (17-17)^2 + (23-17)^2 + (20-17)^2}{6-1} = 19.6$$

평균과 분산

㉠ 평균

$$\bar{x} = \frac{1}{n}(x_1 + x_2 + \cdots + x_n) = \frac{1}{n}\sum_{i=1}^{n} x_i \ \ (i = 1, 2, \cdots, n)$$

㉡ 분산(Variance)

- 모분산 $\sigma^2 = \dfrac{1}{N}\sum_{i=1}^{N}(x_i - \mu)^2 = \dfrac{1}{N}\sum_{i=1}^{N} x_i^2 - \mu^2$

- 표본분산 $s^2 = \dfrac{1}{n-1}\sum_{i=1}^{N}(x_i - \bar{x})^2 = \dfrac{1}{n-1}(\sum_{i=1}^{N} x_i^2 - n\overline{x^2})$

85 철선을 생산하는 어떤 철강회사에서는 A, B, C 세 공정에 의해 생산되는 철선의 인장강도(kg/cm²)에 차이가 있는가를 알아보기 위해 일원배치법을 적용하였다. 각 공정에서 생산된 철선의 인장강도를 5회씩 반복 측정한 자료로부터 총제곱합 606, 처리제곱합 232를 얻었다. 귀무가설 "H_0 : A, B, C 세 공정에 의한 철선의 인장강도에 차이가 없다."를 유의수준 5%에서 검정할 때, 검정통계량과 검정결과로 옳은 것은? (단, $F(2, 12 ; 0.05) = 3.89$, $F(3, 11 ; 0.05) = 3.59$이다)

① 3.72, H_0를 기각함

② 2.72, H_0를 기각함

③ 3.72, H_0를 기각하지 못함

④ 2.72, H_0를 기각하지 못함

85 ③

• 귀무가설

  H_0 : A, B, C 세 공정에 의한 철선의 인장강도에 차이가 없다.

• 대립가설

  H_1 : A, B, C 세 공정에 의한 철선의 인장강도에 차이가 있다.

• 기각역

  $F > F(K-1,\ N-K\,;\,0.05)$; N=전체 개수, K=처리 집단 수

  $F > F(3-1,\ 15-3\,;\,0.05)$

변동	제곱합	자유도	평균제곱	F
급간	232	2(=3-1)	116(=232/2)	3.72(=116/31.17)
급내	374(=606-232)	12(=15-3)	31.17(=374/12)	
합계	606	14		

  F-값은 3.72 이며, 5%에서의 기각역 $F(2,\ 12\,;\,0.05) = 3.89$ 보다 작으므로 귀무가설 H_0를 기각하지 못한다.

변동의 원인	제곱합	자유도	분산	F값
집단 간	SSB	$K-1$	$S_1{}^2 = \dfrac{SSB}{K-1}$	$\dfrac{S_1{}^2}{S_2{}^2}$
집단 내	SSW	$N-K$	$S_2{}^2 = \dfrac{SSW}{N-K}$	
합계	SST			

N은 전체 개수, K는 처리집단 수를 의미한다.

86 어떤 기업체의 인문사회계열 출신 종업원 평균급여는 140만 원, 표준편차는 42만 원이고, 공학계열 출신 종업원 평균급여는 160만 원, 표준편차는 44만 원일 때의 설명으로 틀린 것은?

① 공학계열 종업원의 평균급여 수준이 인문사회계열 종업원의 평균급여 수준보다 높다.

② 인문사회계열 종업원 중 공학계열 종업원보다 급여가 더 높은 사람도 있을 수 있다.

③ 공학계열 종업원들 급여에 대한 중앙값이 인문사회 계열 종업원들 급여에 대한 중앙값보다 크다고 할 수는 없다.

④ 인문사회계열 종업원들의 급여가 공학계열 종업원들의 급여에 비해 상대적으로 산포도를 나타내는 변동계수가 더 작다.

87 어느 대학생들의 한 달 동안 다치는 비율을 알아보기 위하여 150명을 대상으로 조사한 결과 그 중 90명이 다친 것으로 나타났다. 다칠 비율 p의 점추정치는?

① 0.3
② 0.4
③ 0.5
④ 0.6

86 ④

① 공학계열 종업원 평균급여(160만 원) > 인문사회계열 종업원 평균급여(140만 원)

② 각 계열의 평균급여가 공학계열이 높은 것이지 인문사회계열 종업원 중에서 공학계열 종업원보다 급여가 높은 사람이 있을 수 있다.

③ 급여 분포가 정규분포를 따르면 평균과 중앙값이 같지만, 그렇지 않을 경우에는 평균보다 중앙값이 클 수도 있고, 작을 수도 있기 때문에 공학계열 종업원 급여 중앙값이 인문사회 계열 종업원 급여 중앙값보다 크다고 볼 수 없다. (중앙값은 현 자료로는 알 수 없다.)

④ 인문사회계열 종업원의 급여 변동계수(30%) > 공학계열 종업원 급여 변동계수(27.5%)

• 공학계열 종업원 급여 변동계수 $= \dfrac{44\text{만 원}}{160\text{만 원}} \times 100 = 27.5(\%)$

• 인문사회계열 종업원 급여 변동계수 $= \dfrac{42\text{만 원}}{140\text{만 원}} \times 100 = 30(\%)$

 나노해설

변동계수(coefficient of variation)

㉠ 표준편차를 산술평균으로 나눈 값으로 산술평균에 대한 표준편차의 상대적 크기

㉡ 자료가 극심한 비대칭이거나, 측정단위가 다를 때 산포도 비교 시 이용

$$CV = \frac{S}{x} \times (100\%)$$

87 ④

점추정은 표본분포에서의 추정량의 기댓값과 모수가 같은 불편추정량이기 때문에 다칠 비율 p의 점추정 치는 $\dfrac{90}{150} = 0.6$이다.

 나노해설

점추정의 기준

㉠ **불편성**(unbiasedness) : 편의가 없다는 것으로 추정량의 기댓값과 모수 간에 차이가 없다. 즉 추정량의 평균이 추정하려는 모수와 같음을 나타낸다. 따라서 불편성을 갖는 추정량이란 추정량의 기대치가 모집단의 모수와 같다는 것을 의미한다.

㉡ **효율성**(efficiency) : 좋은 추정량이 되기 위해서는 자료의 흩어짐의 정도인 추정량의 분산을 살펴볼 필요가 있다. 효율성이란 추정량의 분산과 관련된 개념으로 불편추정량 중에서 표본분포의 분산이 더 작은 추정량이 효율적이라는 성질을 말한다.

㉢ **일치성**(consistency) : 표본의 크기가 매우 크다면 참값에 매우 가까운 추정값을 거의 항상 얻게 되기를 요구할 수 있다. 즉 표본의 크기가 커질수록 추정값은 모수에 접근한다는 성질이다.

㉣ **충족성**(sufficient estimator) : 추출한 추정량이 얼마나 모수에 대한 정보를 충족시키는 지에 대한 개념으로 추정량이 모수에 대하여 가장 많은 정보를 제공할 때 이 추정량을 충족추정량이라고 한다.

88 기존의 금연교육을 받은 흡연자들 중 30%가 금연을 하는 것으로 알려져 있다. 어느 금연 운동단체에서는 새로 구성한 금연교육 프로그램이 기존의 금연교육보다 훨씬 효과가 높다고 주장한다. 이 주장을 검정하기 위해 임의로 택한 20명의 흡연자에게 새 프로그램으로 교육을 실시하였다. 검정해야 할 가설은 $H_0 : p = 0.3$ 대 $H_1 : p \geq 0.3$ (p : 새 금연교육을 받은 후 금연율)이며, X를 20명 중 금연한 사람의 수라 할 때 기각역을 "$X \geq 8$"로 정하였다. 이때, 유의수준은?

$$P(x \geq c \mid 금연교육 후 금연율 = p)$$

c \ p	0.2	0.3	0.4	0.5
⋮	⋮	⋮	⋮	⋮
5	0.370	0.762	0.949	0.994
6	0.196	0.584	0.874	0.979
7	0.087	0.039	0.750	0.942
8	0.032	0.228	0.584	0.868
⋮	⋮	⋮	⋮	⋮

① 0.032

② 0.228

③ 0.584

④ 0.868

88 ②

기각역이란 귀무가설을 기각할 수 있는 관측값의 영역을 의미하며, 이때, 귀무가설은 $p = 0.3$이다. 따라서 기각역이 $X \geq 8 (c = 8)$이었을 때, 유의수준은 $c = 8$, $p = 0.3$의 교차점인 0.228에 해당된다.

 나노해설

기각역(critical region)
㉠ 개념 : 귀무가설을 기각하는 관측값의 영역
㉡ 특징
• 검정통계량 값이 기각역 안에 들어가면 귀무가설 H_0는 기각하고, 반대로 채택역에 있으면 H_0을 채택한다.
• 임계치(critical value) : 기각역의 경계를 정하는 값
• 기각역과 임계치는 유의수준에 의해서 결정됨

89 다음은 어느 손해보험회사에서 운전자의 연령과 교통법규 위반횟수 사이의 관계를 알아보기 위하여 무작위로 추출한 18세 이상, 60세 이하인 500명의 운전자 중에서 지난 1년 동안 교통법규위반 횟수를 조사한 자료이다. 두 변수 사이의 독립성 검정을 하려고 할 때 검정통계량의 자유도는?

위반횟수	연령			합계
	18~25	26~50	51~60	
없음	60	110	120	290
1회	60	50	40	150
2회 이상	30	20	10	60
합계	150	180	170	500

① 1
② 3
③ 4
④ 9

90 모평균 μ의 구간추정치를 구할 경우 95% 신뢰수준을 갖는 모평균 μ의 오차한계를 ±5라고 할 때 신뢰수준 95%의 의미는?

① 같은 방법으로 여러 번 신뢰구간을 만들 경우 평균적으로 100개 중에서 95개는 모평균을 포함한다는 뜻이다.

② 모평균과 구간추정치가 95% 같다는 뜻이다.

③ 표본편차가 100±5 내에 있을 확률을 의미한다.

④ 구간추정치가 맞을 확률을 의미한다.

89 ③

자유도는 (행의 수−1)×(열의 수−1)이며, 이때, 행의 수는 위반횟수 범주 3개(없음, 1회, 2회 이상), 열의 수는 연령 범주 3개($18 \sim 25$, $26 \sim 50$, $51 \sim 60$)이므로 $(3-1) \times (3-1) = 4$이다.

 나노해설

$r \times c$ **교차분석**

㉠ 2×2 분할표의 변형된 형태로 각 변수의 범주가 둘 이상으로 확장되었을 때 작성된다.

㉡ $r \times c$ 분할표 검정에는 χ^2 분포가 적용된다.

㉢ 자유도는 (행의 수−1)(열의 수−1), 즉 $(r-1)(c-1)$로 표시한다.

90 ①

95% 신뢰구간의 개념은 모평균이 해당 신뢰구간에 포함될 확률이 0.95가 아니라, 표본평균의 신뢰구간들 가운데 95%의 신뢰구간이 모평균을 포함한다는 의미에 해당한다.
신뢰수준 95%의 의미이다.

 나노해설

- **모평균의 구간추정**(모분산을 아는 경우) : $\overline{X} \pm Z_{\alpha/2} \dfrac{\sigma}{\sqrt{n}}$

- **모평균의 구간추정**(모분산을 모르는 경우) : $\overline{X} \pm Z_{\alpha/2} \dfrac{s}{\sqrt{n}}$

91 다음 중 이산확률변수에 해당하는 것은?

① 어느 중학교 학생들의 몸무게

② 습도 80%의 대기 중에서 빛의 속도

③ 장마기간 동안 A도시의 강우량

④ 어느 프로야구 선수가 한 시즌 동안 친 홈런의 수

91 ④

④ 어느 프로야구 선수가 한 시즌 동안 친 홈런의 수는 포아송분포이다. 포아송분포는 이산확률분포에 해당된다.

 나노해설

이산확률분포

㉠ **베르누이시행**
- 개념 : 사건의 발생 결과가 두 개 뿐인 시행
- 예시
 −자격증 시험에 합격 또는 불합격한다.
 −동전을 던지면 앞면 또는 뒷면이 나온다.
 −제품을 검사할 때 양품 또는 불량품이 나온다.

㉡ **이항분포** : 베르누이 시행과 조건은 동일하면서 이 시행을 n회 반복 시행

㉢ **포아송분포**
- 개념 : 어떠한 구간, 즉 주어진 공간, 단위시간, 거리 등에서 이루어지는 발생할 확률이 매우 작은 사건이 나타나는 현상 의미
- 예시
 −음식점의 영업시간 동안 방문하는 손님의 수
 −하루 동안 발생하는 교통사고의 수
 −경기시간동안 농구선수가 성공시키는 슛의 수

㉣ **초기하분포**
- 개념 : 결과가 두 가지로만 나타나는 반복적인 시행에서 발생횟수의 확률분포를 나타내는 것은 이항분포와 비슷하지만, 반복적인 시행이 독립이 아니라는 것과 발생확률이 일정하지 않다는 차이점이 있음
- 예시
 −초코맛 4개, 아몬드맛 6개가 들어 있는 과자 상자에서 무작위로 5개의 과자를 집을 때 초코맛 과자의 수
 −7개 중 5개가 양품인 가전제품에서 5개를 선택할 때 양품의 수

92 어느 투자자가 구성한 포트폴리오의 기대수익률이 평균 15%, 표준편차 3%인 정규분포를 따른다고 한다. 이때 투자자의 수익률이 15% 이하일 확률은?

① 0.25

② 0.375

③ 0.475

④ 0.5

93 흡연자 200명과 비흡연자 600명을 대상으로 한 흡연장소에 관한 여론조사 결과가 다음과 같다. 비흡연자 중 흡연금지를 선택한 사람의 비율과 흡연자 중 흡연금지를 선택한 사람의 비율 간의 차이에 대한 95% 신뢰구간은? [단, $P(Z \leq 1.96) = 0.025$ 이다]

구분	비흡연자	흡연자
흡연금지	44%	8%
흡연장소 지정	52%	80%
제재 없음	4%	12%

① 0.24 ± 0.08

② 0.36 ± 0.05

③ 0.24 ± 0.18

④ 0.36 ± 0.16

92 ④

$$P(X \leq 15) = P\left(\frac{X-\mu}{\sigma} \leq \frac{15-\mu}{\sigma}\right)$$
$$= P\left(Z \leq \frac{15-15}{3}\right) = P(Z \leq 0)$$

확률값은 0.5

표준정규분포 … 표준정규분포는 정규분포가 표준화 과정을 거쳐 확률변수 Z가 기댓값이 0, 분산은 1인 정규분포를 따르는 것을 말하며 확률변수 X가 $N(\mu, \alpha^2)$이라면 X의 μ와 σ의 값과 관계없이 Z는 $N(0, 1)$의 분포를 갖게 되며 이를 $Z \sim N(0, 1)$라 나타낸다.

※ **표준화**

$$Z값 = \frac{확률변수값 - 평균}{표준편차} = \frac{X-\mu}{\sigma}$$

• 표기시 $X \sim N(\mu, \sigma^2)$이고 $Z \sim N(0, 1)$이다.

93 ②

• 비흡연자 중 흡연금지를 선택한 사람의 비율 : $\hat{p_1} = 0.44$

• 비흡연자 : $n_1 = 600$

• 흡연자 중 흡연금지를 선택한 사람의 비율 : $\hat{p_2} = 0.08$

• 흡연자 : $n_2 = 200$

$$(\hat{p_1} - \hat{p_2}) \pm Z_{0.05/2}\sqrt{\frac{\hat{p_1}(1-\hat{p_1})}{n_1} + \frac{\hat{p_2}(1-\hat{p_2})}{n_2}}$$
$$= (0.44 - 0.08) \pm Z_{0.025}\sqrt{\frac{0.44(1-0.44)}{600} + \frac{0.08(1-0.08)}{200}}$$
$$= 0.36 \pm 1.96\sqrt{\frac{0.2464}{600} + \frac{0.0736}{200}}$$
$$= 0.36 \pm 0.05$$

모비율의 구간추정(두 모집단의 경우)

$$(\hat{p_1} - \hat{p_2}) \pm Z_{\alpha/2}\sqrt{\frac{\hat{p_1}(1-\hat{p_1})}{n_1} + \frac{\hat{p_2}(1-\hat{p_2})}{n_2}}$$

94 이산형 확률변수 X의 확률분포가 다음과 같을 때, 확률변수 X의 기댓값은?

X	0	1	2	3	4
$P(X=x)$	0.15	0.30	0.25	0.20	( )

① 1.25 ② 1.40

③ 1.65 ④ 1.80

95 다음은 처리(treatment)의 각 수준별 반복수이다. 오차제곱합의 자유도는?

수준	반복수
1	7
5	4
3	6

① 13 ② 14

③ 15 ④ 16

94 ④

X	0	1	2	3	4	전체
$P(X=x)$	0.15	0.30	0.25	0.20	(0.10)	1.00

기댓값 $= 0 \times 0.15 + 1 \times 0.30 + 2 \times 0.25 + 3 \times 0.20 + 4 \times 0.10 = 1.80$

X를 다음과 같은 확률분포를 가지는 확률변수라고 할 때, 다음과 같이 정의된다.

X	$X_1, X_2, \cdots, X_n$
$P(X=x)$	$f(x_1), f(x_2), \cdots, f(x_n)$
X의 기댓값 $M = E(X) = \sum\limits_{i=1}^{n} x_i f(x_i)$	

95 ②

- 오차의 자유도 = 총 응답자 처리 수-처리 집단 수
  $= (7 + 4 + 6) - 3 = 17 - 3 = 14$
- 처리의 자유도 = 처리 집단 수 $- 1 = 3 - 1 = 2$
- 전체의 자유도 = 총 응답자 처리 수 $- 1 = (7 + 4 + 6) - 1 = 16$

변인	자유도
처리	$k-1$
오차	$N-k$
전체	$N-1$

N은 전체 개수, k는 처리집단 수를 의미한다.

96 두 변량 중 X를 독립변수, Y를 종속변수로 하여 X와 Y의 관계를 분석하고자 한다. X가 범주형 변수이고 Y가 연속형 변수일 때 가장 적합한 분석 방법은?

① 회귀분석   ② 교차분석

③ 분산분석   ④ 상관분석

97 가설검정에 대한 다음 설명 중 틀린 것은?

① 귀무가설이 참일 때, 귀무가설을 기각하는 오류를 제1종 오류라고 한다.

② 대립가설이 참일 때, 귀무가설을 기각하지 못하는 오류를 제2종 오류라고 한다.

③ 유의수준 1%에서 귀무가설을 기각하면 유의수준 5%에서도 귀무가설을 기각한다.

④ 주어진 관측값의 유의확률이 5%일 때, 유의수준 1%에서 귀무가설을 기각한다.

96 ③

X가 범주형 변수, Y가 연속형 변수일 때 분산분석으로 분석할 수 있다.

독립변수(X)	종속변수(Y)	분석방법
범주형 변수	범주형 변수	교차분석
범주형 변수	연속형 변수	분산분석
연속형 변수	연속형 변수	회귀분석

97 ④

③ 유의수준 1%에서 귀무가설이 기각되었다는 것은 유의확률이 1%보다 작다는 것을 의미하며, 이는 유의수준 5%보다도 작기 때문에 귀무가설을 기각할 수 있다.

④ 유의수준(1%)보다 유의확률(5%)이 크면 귀무가설을 기각하지 못한다.

㉠ **유의수준(α)** : 귀무가설의 값이 참일 경우 이를 기각할 확률의 허용한계

㉡ **유의확률(P-value)** : 표본을 토대로 계산한 검정통계량. 귀무가설 H_0가 사실이라는 가정하에 검정통계량보다 더 극단적인 값이 나올 확률

㉢ **P값을 이용한 가설검정**
- P값 $< \alpha$이면 귀무가설 H_0를 기각, 대립가설 H_1을 채택
- P값 $\geq \alpha$이면 귀무가설 H_0를 기각하지 못한다.

㉣ **제1종 오류(type Ⅰ error)**
- 개념 : 귀무가설(H_0)이 참임에도 불구하고, 이를 기각하였을 때 생기는 오류(α)
- 특징 : 1종 오류는 유의수준과도 관련이 있으며, 1종 오류 감소는 유의수준 감소를 의미한다.

㉤ **제2종 오류(type Ⅱ error)**
- 개념 : 대립가설(H_1)이 참임에도 불구하고, 귀무가설을 기각하지 못하는 오류(β)
- 특징 : 제1종 오류와 제2종 오류는 반비례 관계. 즉, 제1종 오류의 가능성을 줄일 경우 제2종 오류의 가능성이 커진다. 일반적으로 최적의 검정은 제1종 오류를 범할 확률을 특정 수준으로 고정하고(일반적으로는 0.05), 제2종 오류를 범할 확률을 가장 최소화하는 검정을 구하는 것을 의미한다.

98 확률변수 X가 이항분포 $B(36, 1/6)$을 따를 때, 확률변수 $Y = \sqrt{5}\,X + 2$ 표준편차는?

① $\sqrt{5}$ ② $5\sqrt{5}$

③ 5 ④ 6

99 중심극한정리(central limit theorem)는 어느 분포에 관한 것인가?

① 모집단   ② 표본

③ 모집단의 평균   ④ 표본의 평균

100 분산분석에 관한 설명으로 틀린 것은?

① 3개의 모평균을 비교하는 검정에서 분산분석으로 사용할 수 있다.

② 서로 다른 집단 간에 독립을 가정한다.

③ 분산분석의 검정법은 t-검정이다.

④ 각 집단별 자료의 수가 다를 수 있다.

98 ③

이항분포 $B(36,\ 1/6)$의 분산 $= npq = 36 \times \dfrac{1}{6} \times \dfrac{5}{6} = 5$

$Var(Y) = Var(\sqrt{5}\,X + 2) = (\sqrt{5})^2 Var(X) = 5 \times 5 = 25$

따라서 표준편차는 5이다.

이항분포 $B(n,\ p)$의 기대치와 분산

㉠ 기댓값 : $E(X) = np$

㉡ 분산 : $Var(X) = np(1-p)$

※ 기대치와 분산의 특성 … a와 b가 상수일 때 확률변수 $ax + b$의 기댓값와 분산은 다음과 같다.

$$㉠\ E(ax + b) = \sum_{i=1}^{n}(ax_i + b)f(x_i) = \sum_{i=1}^{n}(ax_i)f(x_i) + b\sum_{i=1}^{n}f(x_i)$$

$$= a\sum_{i=1}^{n}x_i f(x_i) + b = aE(x) + b$$

$$\therefore\ E(ax + b) = aE(x) + b$$

$$㉡\ Var(ax + b) = \sum_{i=1}^{n}[(ax_i + b - aE(x) - b]^2 f(x_i)$$

$$= a^2\sum_{i=1}^{n}[x_i - E(x)]^2 f(x_i) = a^2 Var(x)$$

$$\therefore\ Var(ax + b) = a^2 Var(x)$$

99 ④

중심극한정리는 평균이 μ이고 표준편차가 σ인 모집단으로부터 크기가 n인 표본을 취할 때, n이 큰 값이면 표본평균의 표본분포는 평균이 μ이고 표준오차는 $\dfrac{\sigma}{\sqrt{n}}$인 정규분포를 따르는 것을 의미한다.

100 ③

③ 분산분석의 검정법은 F 검정을 따르며, F 검정은 집단간의 차이가 있음을 검정하기 위하여 집단간 평균분산을 집단내 평균분산으로 나눈 값이며 F 분포는 자유도에 좌우된다.

분산분석

㉠ 개념 : 분산분석은 다수의 집단(세 집단 이상) 평균값을 검정하는 것이므로 종속변수는 정량적 변수이다.

㉡ 주요 가정

• 정규성 : 모집단의 분포가 정규분포여야 한다.

• 등분산성 : 모집단 간의 분산이 동일해야 한다.

• 독립성 : 모집단 간의 오차는 서로 독립이어야 한다.

자격증 BEST SELLER

매경TEST 출제예상문제

TESAT 종합본

청소년상담사 3급

임상심리사 2급 기출문제

유통관리사 2급 단기완성

텔레마케팅관리사 1차 필기

사회조사분석사 사회통계 2급

초보자 30일 완성 기업회계 3급

관광통역안내사 기출문제

국내여행안내사 기출문제

손해사정사 1차 시험

건축기사 기출문제 정복하기

건강운동관리사

2급 스포츠지도사

소방설비기사 기출문제

농산물품질관리사

정가 9,000원

ISBN 979-11-257-3249-5

사회조사분석사 2급 1차 필기

초판인쇄	2020년 9월 25일	초판발행	2020년 9월 28일	편저자	정수진
발행처	(주)서원각	등록번호	1999-1A-107호	교재주문	031-923-2051
학습문의	031-923-2053	영상문의	070-4233-2505	팩스	031-923-3815
고객센터	1600-6528	주소	경기도 고양시 일산서구 덕산로 88-45		